HOW TO MASTER MACHINING OPERATION

機械加工の知識が やさしくわかる本

西村 仁
Hitoshi Nishimura

日本能率協会マネジメントセンター

はじめに

この本を読んでいただきたい皆さん

　材料を削ったり、変形させたりする加工の知識は、加工者だけが知っていればよいのでしょうか。そうではありません。部品を加工する際に、どの「加工法」を使うのかを決めるのは開発設計者です。また、図面を見て加工先を判断する資材購買部門や、モノの流れを統括する生産管理部門、品質保証に取り組む品質管理部門、顧客と接する営業部門の皆さんにとっても、加工の基礎知識を身につけていることが大きな武器になります。

　また、加工部門に配属された新入社員や若手社員の皆さん、そして工業系の学校で学ばれている学生の皆さんにも、企業で活躍する前の基礎知識として学んでいただきたいと思います。

この本の特徴

　加工の基本がしっかり理解できるように、図を使いながらわかりやすく紹介します。予備知識は必要ありません。これまで加工知識に触れた経験がない文系出身の皆さんにもわかるように、意識して記述しました。

> 1）初めて学ぶ人に、加工の基礎知識を広く解説します
> 2）加工法を考慮して描かれた図面の意図を解説します
> 3）加工の品質を保証するための測定器を紹介します

　どのような加工法があって、それぞれの特徴は何か、どのように加工法を選択しているのかを広く紹介するのが本書の狙いです。そこで、一般的な加工法に重点をおいて解説します。

また、設計者は加工法を考慮して図面を描いているので、図面に表された設計者の意図を紹介します。この情報は、描き手である若手設計者にとっても参考になるでしょう。

　一方、工具の回転数や送り速度といった「加工条件」は高度な技術になります。そこで、本書ではこの加工条件はプロの加工者にお任せすることにして、具体的な設定値の解説は省いて、条件のポイントのみを簡潔に解説します。

本書で紹介する加工法

　本書では、加工法を大きく5つに分けて紹介します。
1）削って形をつくる切削加工　　　　（旋盤加工、フライス加工など）
2）型を使って変形させる成形加工　　（板金加工、鋳造など）
3）材料同士の接合加工　　　　　　　（溶接、接着など）
4）局部的に溶かす特殊加工　　　　　（レーザー加工、放電加工など）
5）形を変えずに材料の特性を変える加工　　（熱処理と表面処理）

本の構成と読み方

　加工の基礎知識を学ぶ際のコツは、いきなり旋盤加工や板金加工といった各加工法から入るのではなく、まずは全体像をつかむことです。そこで、第1章では前述の5つの加工法について、概要とその特徴を解説します。

　次に、第2章からは各加工法について詳細を説明します。とくに、基本となる切削加工は、2～5章まで4つの章に分けて解説します。

　また、加工全般に共通する「材料取り」と「バリ取り」を第8章で、最後の第9章では、加工の品質を保証するための測定器について、その種類と特徴を紹介します。

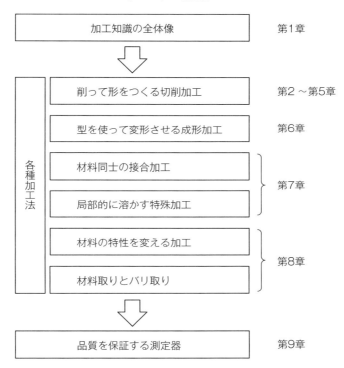

効率的な知識の習得方法

　知識を習得するうえで、実際の加工を見ることが理想ですが、なかなか難しいのが実情です。そこでお勧めなのが「インターネットの動画サイト」の利用です。工作機械メーカーや加工メーカー各社が積極的に情報を公開しているので、本書を読みながらこうした動画もうまく活用してください。

紹介する数値は1つの目安

　各加工法における寸法精度や表面粗さの実力値は、工作機械の精度や加工者のスキル、また工作物の材質や大きさに大きく影響します。そのため、一律に表すことはできません。

　しかし、何も示さなければ、加工精度のレベルがわからず、これでは理解が進みません。そこで本書では、「ひとつの目安」としての数値を紹介します。参考値として読み取ってください。

　では、機械加工知識のスタートです。どの章から読み始めてもいいように執筆しています。仕事に関係した関心のある章からお読みください。また、はじめて機械加工を学ぶ人は、第1章からゆっくり読み進めてください。

著者

機械加工の知識が
やさしくわかる本

CONTENTS

はじめに
- この本を読んでいただきたい皆さん …………………………………… 3
- この本の特徴 ……………………………………………………………… 3
- 本書で紹介する加工法 …………………………………………………… 4
- 本の構成と読み方 ………………………………………………………… 4
- 効率的な知識の習得方法 ………………………………………………… 5
- 紹介する数値は1つの目安 ……………………………………………… 6

第1章　加工知識の全体像

モノづくりにおける加工の位置付け
- モノづくりは「考える」ことからはじまる ………………………… 20
- 考えたとおりに「つくる」 …………………………………………… 20
- 加工は4つの作業から成る …………………………………………… 21

最適な加工法を選択する視点
- 加工に求められる3つの要素 ………………………………………… 22
- 加工法には一長一短がある …………………………………………… 22
- 汎用の工作機械ですばやく加工する狙い …………………………… 22
- 加工を減らす工夫 ……………………………………………………… 23
- 図面の意図（表面粗さの生地記号） ………………………………… 24
- 汎用材の市販品形状 …………………………………………………… 25

加工を5つのグループで見る
- 加工を5つに大分類する ……………………………………………… 26
- 各加工法の特徴を一言で表す ………………………………………… 26
- 加工にどのエネルギーを使っているか ……………………………… 27

切削加工の特徴を見る
　削って形をつくる切削加工の種類……………………………28
　切削加工の各特徴………………………………………………28
　切削加工の原理…………………………………………………30
　切削加工で使用する工具………………………………………30
　切削工具に求められる条件……………………………………31
　切削工具の材料と特徴…………………………………………32
　単刃工具と多刃工具……………………………………………33

成形加工の特徴を見る
　型を使って変形させる成形加工の種類………………………34
　成形加工の各特徴………………………………………………34

接合加工と局部を溶かす加工の特徴を見る
　材料同士を接合する加工の種類と特徴………………………36
　局部的に溶かす加工の種類と特徴……………………………37

熱処理と表面処理の特徴を見る
　形を変えずに材料の特性を変える加工の種類………………39
　熱処理の各特徴…………………………………………………39
　表面処理の狙い…………………………………………………40

加工の流れと自動化
　いくつかの加工法を重ねて完成する…………………………41
　加工の自動化……………………………………………………42

第2章　削って丸形状をつくる旋盤加工

旋盤加工の特徴と旋盤の種類
　加工面数が少ない丸形状………………………………………44
　複数個つくるのに有利な旋盤加工……………………………44
　旋盤での加工事例………………………………………………45
　旋盤加工の原理と3つの加工条件……………………………47
　旋盤の種類………………………………………………………48
　旋盤の構造………………………………………………………48

工作物のチャッキング方法
　　固定と位置決めを行う……………………………………………… 50
　　もっとも一般的な三つ爪チャック………………………………… 50
　　コレットチャック…………………………………………………… 51
　　四つ爪チャック……………………………………………………… 52
　　心押し台のセンタ…………………………………………………… 52

旋盤に使用する工具
　　片刃バイト…………………………………………………………… 53
　　突切りバイト………………………………………………………… 53
　　中ぐりバイト（穴ぐりバイト）…………………………………… 54
　　ねじ切りバイト……………………………………………………… 54
　　穴あけ加工の工具…………………………………………………… 55
　　バイトの構造別種類………………………………………………… 55

旋盤の加工条件
　　3つの加工条件とは………………………………………………… 57
　　工作物の回転数……………………………………………………… 57
　　バイトの切込み量…………………………………………………… 58
　　バイトの送り速度…………………………………………………… 58
　　表面粗さの加工条件………………………………………………… 59

図面の意図を読む
　　部品図は加工の向きに合わせる…………………………………… 60
　　一度つかんだら離さない設計……………………………………… 61
　　段付き隅部の半径R寸法指示……………………………………… 62
　　穴の内側に溝はつけない…………………………………………… 62
　　高精度の軸には逃げ加工を行う…………………………………… 63
　　センタ穴加工の図面指示…………………………………………… 64
　　外周溝加工の深さ制約……………………………………………… 65
　　おねじの逃げ加工…………………………………………………… 65
　　めねじの逃げ加工…………………………………………………… 66

第3章　削って角形状をつくるフライス加工

フライス加工の特徴とフライス盤の種類
- 角形状の加工を行うフライス盤……………………………………68
- フライス盤での加工事例……………………………………………68
- フライス加工の原理と３つの加工条件……………………………69
- フライス盤の種類と構造……………………………………………70

工作物のチャッキング方法
- 工作物の固定方法……………………………………………………72
- バイスを用いる方法…………………………………………………72
- テーブルに直接固定する方法………………………………………73

フライス盤に使用する工具
- 正面フライス…………………………………………………………74
- 正面フライスの同時切れ刃の数……………………………………74
- エンドミル……………………………………………………………75
- すり割りフライスとメタルソー……………………………………77

フライス盤の加工条件
- フライス加工の３つの加工条件……………………………………78
- アップカットとダウンカット………………………………………79

自動のNC工作機械
- 工作機械の自動化メリット…………………………………………80
- NCとCNCの意味……………………………………………………80
- NC旋盤………………………………………………………………81
- NCフライス盤とマシニングセンタ…………………………………81
- 複合加工機……………………………………………………………82
- ３軸制御と５軸制御…………………………………………………82
- CAD/CAM/CAEとは…………………………………………………82

切削加工で生じる現象
- 加工硬化とは…………………………………………………………83
- 構成刃先とは…………………………………………………………83
- 切削時の発熱の原因…………………………………………………84
- 発熱への対応策………………………………………………………85

びびりと呼ばれる振動……………………………………………………… 85

切削油剤について
　　　切削油剤の効果………………………………………………………………… 86
　　　切削油剤の種類………………………………………………………………… 86
　　　切削油剤の供給方法…………………………………………………………… 87
　　　ドライ加工……………………………………………………………………… 87

図面の意図を読む
　　　深さ方向の隅部半径R寸法指示 ……………………………………………… 88
　　　面方向の隅部半径R寸法指示 ………………………………………………… 88
　　　四隅に半径Rをつけてはいけない場合 ……………………………………… 89
　　　直角度を確保しやすい逃げ加工……………………………………………… 90

第4章　ボール盤による穴あけ加工

穴あけ加工の特徴
　　　何のために穴をあけるのか…………………………………………………… 92
　　　穴あけ加工の事例……………………………………………………………… 92

ボール盤の種類と構造
　　　穴あけ加工できる工作機械…………………………………………………… 95
　　　ボール盤の種類と構造………………………………………………………… 95
　　　穴あけ加工の原理と3つの加工条件 ………………………………………… 96
　　　工作物の固定方法……………………………………………………………… 97

ボール盤に使用する工具
　　　穴あけを代表するドリル……………………………………………………… 99
　　　ドリルの位置を決めるセンタドリルとポンチ……………………………… 100
　　　高精度の穴を加工するリーマ………………………………………………… 101
　　　座ぐりを行う座ぐりドリル…………………………………………………… 102
　　　ねじを加工するタップ………………………………………………………… 102
　　　加工位置に印をつけるけがき作業…………………………………………… 104

図面の意図を読む
　　　ドリルで加工する穴は「きり穴」指示……………………………………… 105
　　　きり穴のドリル先端は118°…………………………………………………… 106

11

穴の深さは直径の5倍まで……………………………………… 106
　　　きり穴の位置精度はゆるい……………………………………… 107
　　　穴やねじは平面に加工する……………………………………… 108
　　　側面近くで穴加工するときの寸法……………………………… 108
　　　はめあい公差は穴基準…………………………………………… 109
　　　圧入ピンの下穴は貫通させる…………………………………… 109
　　　はめあいの半径RとC面取りとの寸法関係…………………… 110
　　　M4以上のねじサイズを選択する……………………………… 110
　　　ねじ深さは何mm必要か………………………………………… 111
　　　深座ぐりの参考寸法……………………………………………… 111
　　　ねじの下穴の参考寸法…………………………………………… 112

第5章　砥石で仕上げる研削加工

細かく削る研削加工
　　　研削加工とは……………………………………………………… 114
　　　研削加工の特徴…………………………………………………… 114
　　　大分類は研削と研磨……………………………………………… 114
　　　研削加工の原理…………………………………………………… 115
　　　研削加工の種類…………………………………………………… 116
　　　平面研削盤の種類と構造………………………………………… 116
　　　平面研削盤での工作物の固定方法……………………………… 117
　　　円筒研削盤の構造と工作物の固定……………………………… 118
　　　心なし研削盤の構造と工作物の固定…………………………… 118
　　　内面研削盤の構造と工作物の固定……………………………… 119
　　　研削砥石の種類…………………………………………………… 120
　　　研削砥石の構造…………………………………………………… 120
　　　研削加工の課題…………………………………………………… 121
　　　研削盤の加工条件………………………………………………… 122
　　　図面の意図を読む（研削加工の図面指示）…………………… 122

さらに高精度な研削加工と研磨
　　　砥石で加工する研削……………………………………………… 123
　　　砥粒で加工する研磨……………………………………………… 124

基準となる平面をつくるきさげ加工

　　きさげ加工とは………………………………………………………… 126
　　きさげの加工方法……………………………………………………… 126
　　きさげの潤滑効果……………………………………………………… 126
　　真の平面をつくる三面擦り…………………………………………… 127
　　コラム　工作機械の歴史に触れてみよう

第6章　型を使って変形させる成形加工

型で打ち抜く板金加工

　　板金に力を加えて変形させる………………………………………… 130
　　板金加工の種類と加工事例…………………………………………… 130
　　工具の名称……………………………………………………………… 131
　　せん断加工とは………………………………………………………… 132
　　パンチとダイのクリアランス………………………………………… 132
　　曲げ加工とは…………………………………………………………… 133
　　変形が少し戻るスプリングバック…………………………………… 134
　　深絞り加工とは………………………………………………………… 134
　　バーニング加工とプレスナット……………………………………… 135
　　プレス機の種類………………………………………………………… 136
　　曲げ加工機……………………………………………………………… 136
　　生産ラインの形態……………………………………………………… 138
　　図面の意図を読む（最小曲げ半径）………………………………… 139
　　図面の意図を読む（曲げによるふくらみ量）……………………… 139
　　図面の意図を読む（板金の外形公差指示）………………………… 140
　　図面の意図を読む（バーリング加工の図面指示）………………… 140

溶かしてつくる鋳造

　　鋳造の特徴……………………………………………………………… 141
　　鋳造法の種類…………………………………………………………… 141
　　鋳造に使用する金属材料……………………………………………… 142
　　砂型鋳造法とは………………………………………………………… 142
　　模型の種類……………………………………………………………… 142
　　模型の設計ポイント…………………………………………………… 142
　　シェルモールド鋳造法とは…………………………………………… 144

- ロストワックス鋳造法とは………………………………………… 144
- ダイカスト鋳造法とは……………………………………………… 145
- 鋳物の不良…………………………………………………………… 145

プラスチック加工に適した射出成形
- 射出成形の特徴……………………………………………………… 146
- 射出成形金型の設計ポイント……………………………………… 146
- その他のプラスチック成形法……………………………………… 147

金属を叩いて鍛える鍛造
- 鍛造の特徴…………………………………………………………… 149
- 鍛造に使用する金属材料…………………………………………… 150
- 成形温度による鍛造の種類………………………………………… 150
- 鍛造方法の種類……………………………………………………… 150
- 鍛造機械の種類……………………………………………………… 151

圧延加工と押出し・引抜き加工
- 圧延加工の特徴……………………………………………………… 152
- 特殊圧延の転造加工………………………………………………… 152
- ダイスの穴を通して長尺物をつくる押出し加工………………… 153
- 押出し加工の特徴…………………………………………………… 153
- 引抜き加工の特徴…………………………………………………… 154

第7章　材料同士の接合加工と局部的に溶かす加工

溶かして一体化する溶接
- 接合の信頼性がもっとも高い溶接………………………………… 156
- 溶接の目的はコストダウン………………………………………… 156
- 溶接の大分類はガス溶接と電気溶接……………………………… 157
- アーク溶接と抵抗溶接……………………………………………… 158

放電を使ったアーク溶接
- アーク溶接の原理と溶接棒………………………………………… 159
- 被覆アーク溶接とガスシールドアーク溶接……………………… 160
- TIG溶接とMIG溶接 ………………………………………………… 160
- 炭酸ガスアーク溶接………………………………………………… 161
- アーク溶接の母材材質……………………………………………… 161

アーク溶接の継手種類……………………………………………… 162

電気抵抗による発熱を使った抵抗溶接
　　　抵抗溶接の原理……………………………………………………… 163
　　　抵抗溶接の特徴……………………………………………………… 163
　　　抵抗溶接の種類……………………………………………………… 163
　　　スポット溶接・プロジェクション溶接・シーム溶接………… 164
　　　図面の意図を読む（対称に溶接する）………………………… 165

ろう付けと接着
　　　ろう付け……………………………………………………………… 166
　　　はんだ付けはろう付けの一種……………………………………… 166
　　　接着…………………………………………………………………… 166
　　　接着剤の分類………………………………………………………… 167

光を使ったレーザ加工
　　　局部的に溶かして形をつくる加工………………………………… 169
　　　レーザ光とは………………………………………………………… 169
　　　レーザ加工の特徴…………………………………………………… 169
　　　レーザ光を使った加工のねらい…………………………………… 170
　　　レーザ加工による除去……………………………………………… 171
　　　CO_2レーザとYAGレーザの特徴 …………………………………… 171

精密加工に適した放電加工
　　　放電加工の特徴……………………………………………………… 172
　　　形彫り放電加工……………………………………………………… 172
　　　ワイヤ放電加工……………………………………………………… 173

エッチングと3Dプリンタ
　　　化学的に材料を溶かす……………………………………………… 174
　　　3Dプリンタとは …………………………………………………… 174
　　　3Dプリンタの方式 ………………………………………………… 175
　　　コラム　なによりも安全が優先

第8章　材料の特性を変える加工と材料取り

材料内部を変える熱処理
　　　なぜ熱処理を行うのか……………………………………………… 178

どのように硬さを変えるのか……………………………………… 178
　　　冷やす速度が一番のポイント…………………………………… 178
　　　硬さと粘り強さを向上させる焼入れ・焼戻し………………… 179
　　　焼入れ効果は炭素量0.3％以上…………………………………… 180
　　　焼なましのねらい………………………………………………… 180
　　　焼ならしのねらい………………………………………………… 181
　　　表面のみに施す熱処理…………………………………………… 181
　　　コイルで加熱する高周波焼入れ………………………………… 181
　　　炭素をしみ込ませて焼きを入れる浸炭………………………… 182

材料の表面を変える表面処理
　　　表面処理の目的…………………………………………………… 183
　　　塗装とめっき……………………………………………………… 183
　　　塗装の特徴………………………………………………………… 183
　　　鉄鋼材料のめっき種類…………………………………………… 184
　　　アルミニウム材料のめっき種類………………………………… 184
　　　高精度なめっき法………………………………………………… 185

材料取りの切断加工
　　　加工は材料取りからはじまる…………………………………… 186
　　　金ばさみ・金のこ・糸のこ……………………………………… 186
　　　立型帯のこ盤（コンタマシン）………………………………… 186
　　　弓のこ盤とメタルソー切断機…………………………………… 187
　　　シャーリングマシン……………………………………………… 188
　　　その他の切断方法………………………………………………… 188

すべての加工で行うバリ取り
　　　バリとは…………………………………………………………… 189
　　　切削加工のバリ…………………………………………………… 189
　　　プレス加工のバリ………………………………………………… 190
　　　鋳造・射出成形・鍛造のバリ…………………………………… 190
　　　バリの問題点……………………………………………………… 190
　　　バリの除去………………………………………………………… 191
　　　バリ除去に使用する工具と加工法……………………………… 192
　　　バリを活かす事例………………………………………………… 193
　　　図面の意図を読む（糸面取り指示の意味）…………………… 193

図面の意図を読む（「バリなきこと」は不可）………………… 193
　　　コラム　不思議なリンギングという現象

第9章　品質を保証する測定器

測定の意味
　　　製造品質を保証する……………………………………………… 196
　　　真の値と測定値…………………………………………………… 196
　　　寸法精度は20℃で保証する　…………………………………… 196
　　　寸法測定器の種類………………………………………………… 197

直接測定の測定器
　　　直接測定と間接測定の違い……………………………………… 198
　　　直尺と曲尺………………………………………………………… 198
　　　ノギス……………………………………………………………… 199
　　　マイクロメータ…………………………………………………… 200
　　　ハイトゲージ……………………………………………………… 200
　　　三次元測定機……………………………………………………… 201

間接測定の測定器
　　　ダイヤルゲージ…………………………………………………… 202
　　　すきまゲージ……………………………………………………… 203
　　　限界栓ゲージ……………………………………………………… 203
　　　長さの基準はブロックゲージ…………………………………… 204
　　　感圧紙……………………………………………………………… 204

表面粗さと硬さの測定器
　　　表面粗さ測定機…………………………………………………… 205
　　　硬さ試験機………………………………………………………… 205

これからのステップアップに向けて ……………………………… 206

おわりに ……………………………………………………………… 208

第 1 章

加工知識の全体像

第 1 章　加工知識の全体像

モノづくりにおける加工の位置付け

■ モノづくりは「考える」ことからはじまる

　モノづくりの中で加工の位置付けを確認しておきましょう。モノづくりは、何をつくるのかを「考えて」、その考えたとおりに「つくり」、それを顧客に「売る」という、大きく3つの流れで進みます。

　考える段階では「企画」「構想」「設計」があります。新製品を出すのか、既存品の改良版を出すのかといった、何で勝負するのかを決めるのが「企画」です。企画が決まれば、その仕様を具体的に数値化します。これが「構想」です。モノづくりはサービスと異なり、大きさや重さ、特性などをすべて数値化できることが特徴です。この構想では、製品仕様だけでなく目標とする売価や製造原価、完成までの取組み日程、担当するメンバーなども明らかにします。これらの検討結果をまとめたものが仕様書になります。

　次に、この仕様書を元に「設計」に入ります。どのような形にして、材料に何を使って加工し、どのように組み立てるのかを考え、図面に表します。各部品の「加工法」はこの設計の段階で決めており、図面は加工法を考慮して描かれます。

■ 考えたとおりに「つくる」

　考えた内容が表された図面は、情報の伝達手段です。加工者はこの図面を読み取り、「最適な加工条件」で加工を行います。ここでの最適とは、製造品質を満たしながら早く安くつくることです。加工のコストについては22ページで紹介します。

　加工が完了すれば「組立」と「調整」をして、最後に「検査」により仕様書どおりにできているかを確認したうえで「販売」します。すなわち加工は、頭の中で考えたことを実現化する作業になります。

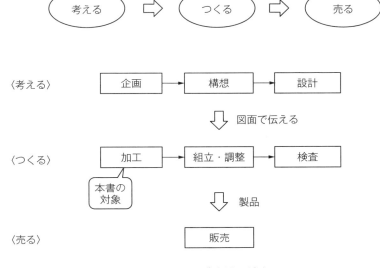

図1.1　モノづくりの流れ

加工は4つの作業から成る

　加工といってもいきなり工作機械を動かすわけではありません。まず「事前準備」として図面を読み、適切な工作機械を選定し、加工手順を検討します。必要ならば加工用治具の製作を行い、そのうえで「加工」に入ります。この加工も金型で打ち抜いたあとに穴あけをして表面処理を施すといったようにいくつかの加工法を重ねることが一般的です。そして加工が終われば「測定」により品質を確認して、最後に清掃や切りくずの処理といった「後片づけ」を行います。

　すなわち加工は、事前準備→加工→測定→後片づけの4つの作業から成っています。

第1章 加工知識の全体像

最適な加工法を選択する視点

加工に求められる3つの要素

モノづくり現場に必要なQCD（品質・コスト・納期）を、加工の視点で具体的に表すと、

> 1)「図面どおりに過不足なく」加工する　（製造品質）
> 2)「1円でも安く」加工する　　　　　　（製造原価）
> 3)「あっという間に」加工する　　　　　（加工時間）

ことが求められます。

加工法には一長一短がある

もし、上記の3つの要素をいつでも同時に満たす加工法があるなら、設計のたびに検討する必要はありません。現場の工作機械もすべて同じで、加工者もスキルを効率的に身につけることが可能です。しかし、残念ながらそういったオールラウンドな加工法はありません。

そこでさまざまな加工法が生み出され、その中からその都度最適なものを選択することになります。加工形状による選択、加工精度による選択、加工時間による選択、工作機械による選択を行います。

汎用の工作機械ですばやく加工する狙い

先の3つの要素の中で最優先すべきは「製造品質」です。狙いの寸法精度や表面粗さといった仕様を満たすことを前提として、「製造原価」が安く、「加工時間」が短い加工法を選択します。製造原価とは、販売費などを含まず、純粋にそのモノをつくるのに必要なコストです。製造原価を1円でも安くできれば、それはすべて利益につながり

22

ます。
　この製造原価は、製品1個あたりの原価、すなわち個別原価で捉えて、「材料費」「労務費」「減価償却費」「その他経費」の4つの内訳で考えるとわかりやすいでしょう。材料費は鉄鋼やアルミニウム、プラスチックといった材料の購入費、労務費は加工者や管理監督者の人件費、減価償却費は工作機械や治工具類の使用コスト、その他経費とは電気代や水道代、ガス代などです。
　この中で加工法が大きく影響するのは労務費と減価償却費です。「すばやく加工」できれば、労務費が下がるうえに、お客さまの希望納期への対応力も向上して、まさに一石二鳥です。また「汎用の工作機械で加工」できれば、加工先を問わずに減価償却費を抑えることができます。

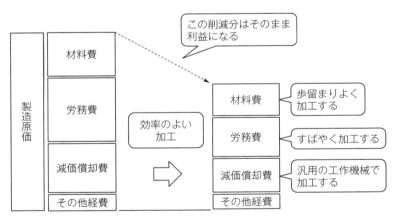

図1.2　加工の最適化で利益を生む

加工を減らす工夫

　構想や設計段階で最適な加工法を選択しますが、理想は加工そのものを減らすことです。その効果的な策の1つは、工作物の外形寸法を

材料の市販寸法に合わせた設計です。たとえば、鉄鋼材料で外形寸法を「幅50mm × 厚み12mm × 長さ80mm」に設計すれば、市販されている「幅50mm × 厚み12mm」の平鋼ミガキ材を購入することで、加工は長さ80mmの両端2面だけで済みます。

これをもし「幅45mm × 厚み11mm × 長さ80mm」で設計してしまうと、この寸法の市販品はないので、先の平鋼を購入して幅を5mm、厚みを1mm削らなければならず、時間もコストも余分にかかってしまいます。こうした理由から、設計者はできるだけ市販寸法に合わせた設計を行っています（図1.3のa図）。

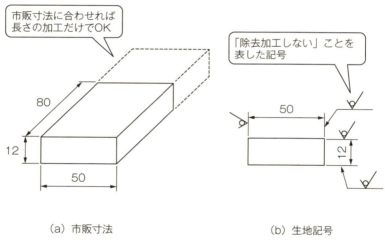

（a）市販寸法 　　　　　　　　（b）生地記号

図1.3　市販寸法と生地記号

図面の意図（表面粗さの生地記号）

図面に表示される表面粗さ記号の1つに「除去加工をしない図示記号」すなわち生地記号があります。これは市販寸法をそのまま使用することを意味しており、「加工を不要とする」ための設計者の強い意

志表示です（図1.3のb図）。

理想は幅と厚みの両方とも市販寸法に合わせることですが、どちらか一方の場合には、加工面積の大きい方（一般的には厚み）を市販寸法に合わせるのが得策です。これは加工による反りの影響を抑える上でも有効です。

汎用材の市販品形状

鉄鋼、非鉄金属の汎用材には多くの形状と寸法のバリエーションが揃っています。たとえば、鉄鋼材料ではSS400やS45C、アルミニウム合金ではA5052やA6063などです。

形状としては、角棒は図のような四角形だけでなく、六角形や異形のものも市販されています。また形鋼にも山形鋼や溝型鋼など、いくつかの種類があります。

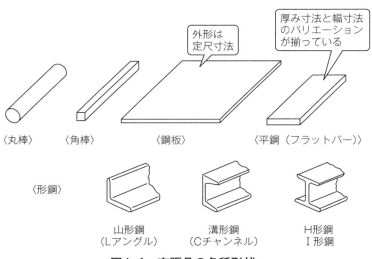

図1.4　市販品の各種形状

第 1 章 加工知識の全体像

加工を5つの グループで見る

加工を5つに大分類する

まず世の中にある加工法を5つのグループに分けて、大局をつかみましょう（図1.5）。

1）削って形をつくる「切削加工」
2）型を使って変形させる「成形加工」
3）材料同士を接合する「接合加工」
4）局部的に溶かす「特殊加工」
5）形を変えずに材料の特性を変える「熱処理・表面処理」

各加工法の特徴を一言で表す

① 「削って形をつくる加工」は切削加工といい、切りくずが出る加工です。加工精度が高い反面、加工に時間を要します。
② 「型を使って変形させる加工」は成形加工といい、金型で打ち抜いたり、鋳型に溶けた金属を流し込む加工です。加工精度は出しにくい反面、加工が早いので大量生産に向いています。
③ 「材料同士を接合する加工」は接合加工といい、一体物での加工が困難な場合や、一体物よりも早く安くつくれる場合には、加工したもの同士を溶接や接着により接合します。
④ 「局部的に溶かす加工」は、レーザー光や放電、また化学反応により材料の一部を溶かして形をつくります。切削加工や成形加工のような力を加える「動的な加工」ではなく、力以外のエネルギーを使った「静的な加工」です。他の加工法では困難な複雑形状や、金型などの硬い材料の加工に向いています。

⑤最後は「形を変えずに材料の特性を変える加工」で、材料自体の特性を変える熱処理と、材料の表面に特性を持った膜を付着させる表面処理があります。

以上の５つのグループが加工の大分類になります。

No	加工の種類		特徴	加工名称
①	切削加工	削って形をつくる 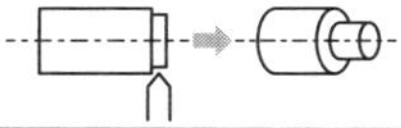	・加工精度が高い ・加工時間を要する	旋盤加工 フライス加工 穴あけ加工 研削加工
②	成形加工	型を使って変形させる 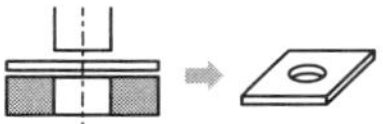	・一発で形をつくる ・大量生産向き ・加工精度は劣る	板金加工 鋳造 射出成形 鍛造
③	接合加工	材料同士を接合する 	・コストダウン	溶接 ろう付け 接着
④	特殊加工	局部的に溶かす 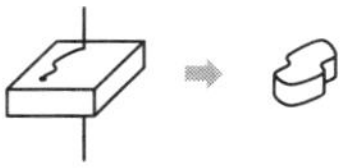	・力をかけない加工 ・複雑な形状が得意	レーザー加工 放電加工 エッチング 3Dプリンタ
⑤	熱処理・表面処理	材料の特性を変える 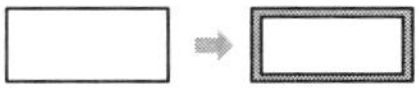	・形は変えない ・硬さを変える ・さびを防ぐ	焼入れ・焼戻し 焼なまし 焼ならし 各種表面処理

図1.5　加工の５つの大分類

加工にどのエネルギーを使っているか

　加工には３つのエネルギーのいずれかが使われています。切削加工や板金加工、鍛造などの力を加える加工には「力学的エネルギー」、鋳造や射出成形、溶接、レーザー加工、放電加工、熱処理などの熱による加工には「熱エネルギー」、エッチングや表面処理などの化学反応を活かした加工には「化学的エネルギー」が使われています。

第 1 章 加工知識の全体像
切削加工の特徴を見る

削って形をつくる切削加工の種類

　ここからは5つのグループの特徴を順に見ていきましょう。まずは加工の基本となる切削加工です。
　これは工具を工作物に当てて、不要な箇所を削り取る加工法です。高い寸法精度が得られ、なめらかな表面に加工ができる一方、加工に時間を要します。工作物は鉄鋼材料やアルミニウムといった金属だけでなく、プラスチックやセラミックス、木材なども切削加工の対象です。削り取った不要な箇所は切りくずとして排出され、回収のうえリサイクルされています。
この切削加工には、次の種類があります（図1.6）。

1）丸形状に削る「旋盤加工」
2）角形状に削る「フライス加工」
3）穴やねじをあける「穴あけ加工」
4）表面を砥石で仕上げる「研削加工」
5）完全な平面に仕上げる「きさげ加工」
6）自動で加工を行う「NC加工」

切削加工の各特徴

　「旋盤加工」は、携帯用鉛筆削りのように工作物を回転させて丸形状に加工します。これに対して、工具を回転させて角形状に加工するのが「フライス加工」です。また、多くの部品には固定用の穴やねじ穴があいていますが、これらの穴を加工するのが「穴あけ加工」になります。

表面をなめらかな面に仕上げたいとき、また、超硬合金や焼入れした硬い材料を高精度に加工したいときには砥石で削ります。これが「研削加工」です。砥石には無数の微小な切れ刃があり、こうした加工が得意です。

　「きさげ加工」は加工や組立の基準となる定盤や工作機械のテーブルなどを、完全な平面に仕上げるときに行う加工です。ノミに似た工具を使って、金属表面を1mmの千分の1ミリ（1μm）レベルで削って平らにします。これは、すべてを手作業で行う非常に高度な加工です。最後の「NC加工」は旋盤加工、フライス加工、穴あけ加工を自動化したものです。

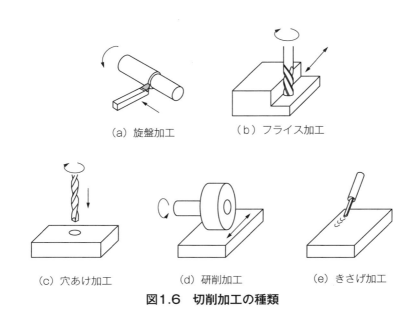

（a）旋盤加工　　　（b）フライス加工

（c）穴あけ加工　　（d）研削加工　　（e）きさげ加工

図1.6　切削加工の種類

切削加工の原理

　工具の刃が工作物の表面を削り取る状態を図に示します。工具の接触に伴い加工表面に変形が生じて、破断により工作物から切り離されます。工具には「すくい面」と「逃げ面」があり、すくい面は切りくずをスムーズに流し、逃げ面は工作物との摩擦を少なくする役割を果たします。

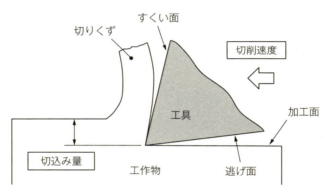

図1.7　切削加工の原理

切削加工で使用する工具

　切削加工の特徴の1つは、工具の形状がそのまま工作物に移ることです。たとえば工具の先端に小さな丸みがついていると、工作物にも同じ寸法の丸みがつくという意味です。これが設計者にとって、工具の知識が必要となる理由です。

　工具は加工法ごとに名称が異なります。主なものを紹介すると、
①旋盤加工の工具：バイト
②フライス加工の工具：正面フライスとエンドミル
③穴あけ加工の工具：ドリル、センタドリル、リーマ

④ねじ加工の工具：タップとダイス
⑤研削加工の工具：砥石
⑥きさげ加工の工具：スクレーパ

切削工具に求められる条件

　技術の発達により、工作機械の性能だけでなく、工具の性能も大きく向上しています。これにより今まで困難であった硬い材料も、高速でキレイな加工が可能になっています。
工具に求められる条件は、

> 1）硬いこと
> 2）粘り強いこと（もろくないこと）
> 3）高温になっても硬さが低下しないこと
> 4）摩耗しにくいこと
> 5）安価で、入手しやすいこと

　工具には、工作物よりも硬い材料が求められます。しかし材料は硬くなればなるほどもろくなる性質があり、もろいとチッピングと呼ばれる刃先の欠けが生じます。そのため「硬さ」と「粘り強さ」の両方が必要になります。また一般的な材料は温度が上昇すると硬さが低下します。加工時の刃先は数百℃の高温になるので、硬度が下がらないことが求められます。
　さらに工具は消耗品なので、摩耗しにくく安価なこと、すなわちコストパフォーマンスがよいことと、入手しやすいことも大切です。
　しかし、これらの条件をすべて兼ね備えた材料はないのが悩みのタネです。そのため加工ごとに適した工具材料を選択します。

切削工具の材料と特徴

（1）炭素工具鋼と合金工具鋼

　安価な汎用材料ですが、温度に弱く炭素工具鋼では200℃前後、合金工具鋼では300℃前後で硬さが低下するので、低速での加工以外には使われていません。

（2）高速度工具鋼（ハイス鋼）

　約600℃まで硬さが低下しない耐熱鋼材です。高速加工で高温になっても硬度が落ちないという特徴からこの名称がつけられました。ハイスピード対応なので、略して「ハイス鋼」といいます。耐摩耗性に優れていることから、金型の材料としても広く使われています。

（3）超硬合金

　炭化タングステンの細かい粉末を主原料として、結合剤にコバルトなどの粉末を加えて高温高圧で焼き固めた焼結体です。硬くて高温での硬さの低下が少ないので、高速での切削工具によく使われる材料です。ただし、もろいことが弱点です。

　添加物の種類や添加量、粒径の違いにより、多くの種類があります。さらに耐摩耗性向上やチッピング対策のために、超硬合金の表面にコーティングを施したものも市販されています。

（4）サーメット

　炭化チタンをベースとした焼結体です。超硬合金と比べて、さらに耐熱性や耐摩耗性に優れます。超硬合金とセラミックスの中間的な性質の材料で、超硬合金と同じくコーティング品も市販されています。

（5）セラミック

　酸化アルミニウムをベースとした焼結体です。1000℃以上でも軟化せず耐摩耗性が大きいので、高速高温の加工に適しています。

（6）ダイヤモンド

　きわめて硬い材質ですが、鉄系金属とは化学反応しやすいため、非

鉄金属や非金属の切削に用いられます。

工具はいまも高速・高精度対応や長寿命品が開発されており、加工精度や加工効率の向上に大きく寄与しています。

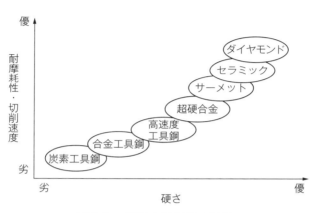

図1.8　切削工具材料の特徴

単刃工具と多刃工具

工具は、切れ刃がひとつの単刃工具と、切れ刃が複数ある多刃工具に分かれます。包丁は単刃工具で、刃がたくさんあるのこぎりは多刃工具です。先に紹介した切削工具では、旋盤に使用するバイトが単刃工具で、そのほかは多刃工具になります。エンドミルやドリルは底から見るとよくわかりますが、多くは2〜4枚の切れ刃から構成されているので多刃工具です。

単刃工具は1点だけで加工するので、加工精度が出しやすい反面、加工能力は低く寿命が短い傾向があります。一方、多刃工具はその反対で、切れ刃のバラツキにより加工精度は劣りますが、加工能力は高く寿命も長いのが特徴です。

第 1 章　加工知識の全体像

成形加工の特徴を見る

型を使って変形させる成形加工の種類

　成形加工の最大のメリットは、型を使うことにより一発で形をつくれることです。金型代などの初期投資が大きい反面、生産性が高いので大量生産に向いています。加工精度が必要なときには、この成形加工をした後に切削加工で仕上げます。

　また、切削加工では切りくずというムダが発生しますが、成形加工は材料を有効に使えることも特徴の 1 つです。

　この成形加工には、次の種類があります（図1.9）。

1）金型による打抜きや曲げを行う「板金加工」
2）溶けた金属を型に流し込む「鋳造」
3）溶けたプラスチックを金型に流し込む「射出成形」
4）強い力で金型を押し付けて変形させる「鍛造」
5）回転するロールにはさみ込んで形をつくる「圧延」
6）金型の穴から押したり引き込む「押出し」と「引抜き」

成形加工の各特徴

　板金（薄い板）を金型の上型と下型の間にはさみ込んで、打ち抜いたり曲げる加工が「板金加工」で、プレス機を使うので「プレス加工」ともいいます。

　砂でできた鋳型や繰返し使える金型に溶けた金属を流し込んで形をつくるのが「鋳造」です。完成品は鋳物といい、身近にはマンホールや鉄瓶があります。金型に流し込む材料がプラスチックの場合は「射出成形」になります。プラスチック製品の多くがこの方法でつくられ

ています。

「鍛造」は、加熱した金属の塊を金型にはさみ込み、非常に大きな力を加えて変形させる加工です。「鍛えて造る」という名称にもあるように、金属の組織が緻密になることで強度を高めることを狙っています。

「圧延」は鉄鋼メーカーや加工メーカーにおいて、材料を回転するロールにはさみ込んで、薄くしたり特定の形に変形させる加工です。

最後の「押出し」と「引抜き」は、ほしい形状の穴があいた金型に材料を通すことで形をつくる加工です。一般的には定尺長さ（2mや4mなど）に加工され、ここから任意のほしい寸法に切断して使用します。アルミサッシはこの押出しでつくられています。

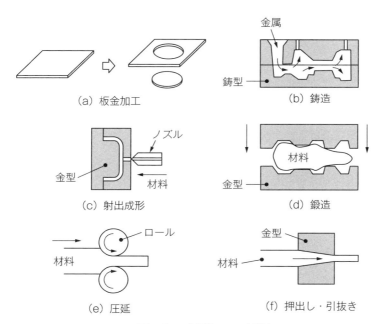

図1.9　成形加工の種類

第 1 章 加工知識の全体像

接合加工と局部を溶かす加工の特徴を見る

材料同士を接合する加工の種類と特徴

　個別につくった材料同士を接合する加工法は、一体物でつくることが難しい場合や、一体物よりも早く安くつくれるときに使われます。この接合加工には、

> 1）金属結合させる「溶接」
> 2）融点の低い金属を溶かして接合する「ろう付け」
> 3）接着剤を使った「接着」

があります。
　「溶接」は接合箇所を溶かして互いに金属結合させるので、接合の信頼性がもっとも高い加工法です（図1.10のa図）。一方、「ろう付け」は工作物よりも融点（溶ける温度）の低い金属を溶かして、工作物のすき間に流し込んで接合する加工法です（同b図）。溶接と異なり工作物自体は溶けていません。はんだ付けは、ろう付けの一種です。最後の「接着」には、身近にある文房具のスティックのりから工業製品用まで多くの種類があります（同b図）。

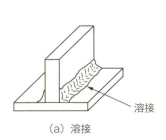
(a) 溶接

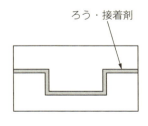
(b) ろう付け・接着

図1.10　接合加工の種類

局部的に溶かす加工の種類と特徴

　光や電気により加熱したり、化学反応で工作物の一部を溶かす加工は、外力がかからないことが大きな特徴です。
　この特殊加工には、次の種類があります。

> 1）レーザ光を使って溶かす「レーザ加工」
> 2）電気を流して放電で溶かす「放電加工」
> 3）化学薬品による化学反応で溶かす「エッチング」
> 4）溶かして多層に積み重ねる「3Dプリンタ」

　「レーザ加工」は、レーザ光により加熱して溶かす加工です。切断や、材料表面の印字にも多く使用されています。
　「放電加工」は、電気による放電効果により加熱して溶かす加工です。複雑な形状や超硬合金といった硬い材質も高精度に加工できることが特徴です。方式によって形彫り放電加工とワイヤ放電加工があります。

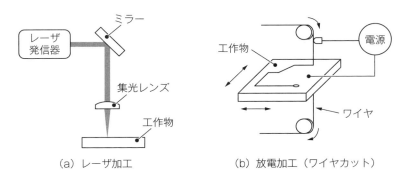

　　　(a) レーザ加工　　　　　(b) 放電加工（ワイヤカット）
　　　　　　図1.11　レーザ加工と放電加工

「エッチング」は薬品とパターンを使って化学的に溶かして形をつくる加工です。

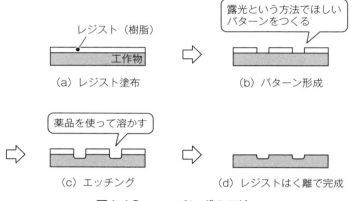

図1.12　エッチングの工法

　次に「3Dプリンタ」です。一般の印刷では紙の上にインクを付着させますが、このインクを何度も繰返し上塗りすれば、徐々に厚みが増して立体的になります。この原理で、3Dプリンタはインクの代わりにプラスチック粉や金属粉を積み重ねて立体形状にします。切削では不可能な形状も仕上げることが可能です。

　現在、工作機械の中でもっとも注目を浴びており、日進月歩の分野です。まだ加工精度や表面粗さの精度、また加工速度やコストに課題がありますが、試作品の製作ではすでに大きな効果をあげており、金属粉を用いて複雑形状の射出成型用の金型を製作できるものも出ています。

第1章 加工知識の全体像

熱処理と表面処理の特徴を見る

形を変えずに材料の特性を変える加工の種類

　材料自体の特性を変えるのが熱処理で、材料の表面に被膜をつけることで特性を変えるのが表面処理です。すなわち熱処理は材料の「中」を変えるのに対して、表面処理は材料の「外」を変える加工になります。

　熱処理には、大きく次の4つの種類があります。

1）硬く・粘り強くする「焼入れ・焼戻し」
2）軟らかくする「焼なまし」
3）組織を標準状態に戻す「焼ならし」
4）表面だけを硬くする「高周波焼入れ」と「浸炭」

熱処理の各特徴

　材料は硬くなるほどもろくなる性質があります。もろいと少しの衝撃でも割れてしまうため、硬くて粘り強い性質が理想です。そのための処理が「焼入れ・焼戻し」です。これとは逆に、軟らかくしたり材料の内部にひそむ応力を除去するのが「焼なまし」、材料の組織を標準状態に戻すのが「焼ならし」です。

　「高周波焼入れ」と「浸炭」は表面だけを硬くする加工です。すなわち表面はカチカチに硬く、内部は軟らかな二重構造を狙います。この二重構造は衝撃に強いのが特徴です。それは衝撃を内部でクッションのように和らげるためです。「高周波焼入れ」はコイルを材料に巻き付けて電流を流し、その発熱で材料の表面を焼入れする方法で、レールのような長尺物の一部の面を熱処理するのに適しています。

また「浸炭」は、炭素量の少ない軟らかな鉄鋼材料の表面に、特殊な工程で炭素を浸み込ませてから焼入れすることで、内部と表面の硬さに大きな差異をつけるユニークな方法です。

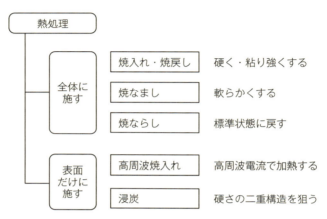

図1.13　熱処理の種類と特徴

表面処理の狙い

　表面処理にはさまざまな目的がありますが、もっともよく使われているのは鉄鋼材料のさび止めです。鉄鋼材料は放置すると赤さびが発生するので、材料の表面に膜を張ることで、水分と酸素を遮断してさびを防ぎます。この防錆以外に、耐摩耗性やすべり性、非粘着性などの機能を付加する表面処理があります。

　表面処理は樹脂系塗料を塗る「塗装」と、金属の被膜をつける「めっき」に分かれます。めっきの工法はいくつかあり、溶液中で化学的に付着させる方法や、これに電気を流す方法、また加熱して蒸発により工作物に付着させる方法があります。

第 1 章　加工知識の全体像

加工の流れと自動化

いくつかの加工法を重ねて完成する

　ここまで加工法全般を広い視点で紹介してきました。実際の加工では、1つの加工法で完成するものは少なく、いくつかの加工法を重ねて完成するものがほとんどです。

　このすべての加工法に共通するのが、「材料取り」と「バリ取り」です。市販の材料は定尺で販売されているので、まずは削り代を見込んで少し大きめに切断するのが材料取りです。また、加工ではどうしても工作物の角にバリが出てしまうため、加工を終えたあとにバリ取りを行います。材料取りとバリ取りについては第8章で紹介します。

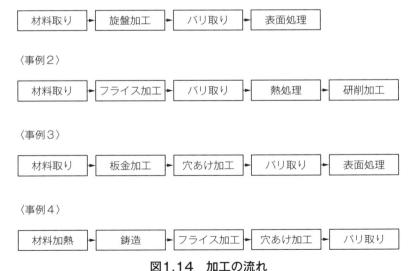

図1.14　加工の流れ

加工の自動化

　汎用の工作機械を動かすには加工者のスキルが必要とされ、1人1台持ちなので生産能力に限界があります。こうした背景から、工作機械の自動化が進んできました。自動化により品質のバラツキが少なくなり、1人で複数台数を動かす多台持ちや無人運転も可能になりました。ただし自動化といっても、材料供給や工具の交換もすべて完全自動のレベルもあれば、材料の供給や工具の交換は作業者が行い、加工だけが自動というレベルもあります。自動化のレベルがあがるほど、工作機械の価格も上昇するため、導入時には費用対効果を考慮して自動化のレベルを判断しています。

　自動化された工作機械には、NC旋盤やNCフライス盤、工具の自動交換もついたマシニングセンタがあります。これらは第3章で紹介します。また機構上デリケートな調整が必要な射出成形やレーザー加工、放電加工、3Dプリンタはすべて自動化されています。

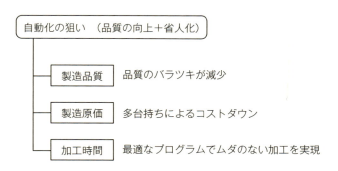

図1.15　自動化の狙い

第 2 章

削って丸形状を
つくる旋盤加工

第2章 削って丸形状をつくる旋盤加工

旋盤加工の特徴と旋盤の種類

加工面数が少ない丸形状

　第1章で紹介したように、「早く」そして「安く」加工するためのもっとも効果的な方法は、加工そのものを減らすことです。この視点で最適な工作物の形を考えてみましょう。

　形状による面の数を比較すると、角形状（板材など）の面数は6面で、丸形状（丸棒など）は外周の1面と両端の2面を合わせて3面です（図2.1のa図とb図）。

　すなわち、外形をすべて加工する場合、丸形状は角形状の半分の面数で済むことから、圧倒的に早く安く加工することが可能です。これが丸形状の大きなメリットです。さらに、外径を市販寸法に合わせることで、加工面数を両端の2面に減らす工夫をしています。

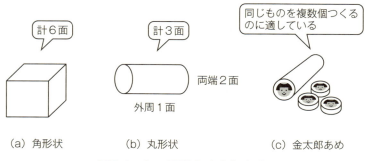

図2.1　加工面数と金太郎あめ

複数個つくるのに有利な旋盤加工

　丸形状に加工する旋盤は、外形が同じものを複数個加工するのに適しています。長めに加工して、最後に右端から順に所定寸法に切り落

としていけば、同じものを一気に完成させることができます。金太郎あめをつくるのと同じイメージです（図2.1のc図）。

旋盤での加工事例

旋盤で加工できる事例を「外周の加工」「端面の加工」「穴あけ加工」「ねじ加工」に分けて見ていきましょう。

(1) 外周の加工

もっとも一般的な加工で、円柱形状に削ったり、円柱形状の途中で直径が変わる段付き形状に加工します。また、徐々に直径が変わるテーパ加工や曲面加工のほかに、溝を入れたり材料を切り落とす突切り加工があります（図2.2のa～c図）。

(2) 端面の加工

工具を工作物の側面に当てることで、端面の加工を行います（同d

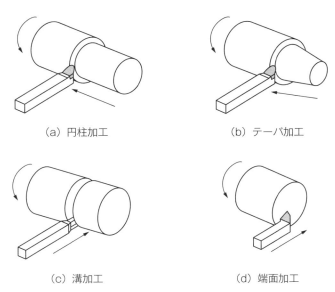

(a) 円柱加工　　　　　　　(b) テーパ加工

(c) 溝加工　　　　　　　(d) 端面加工

図2.2　旋盤加工の事例－1

図)。ただし旋盤の機構上、工作物の右端面しか加工できないので、左端面を加工する場合には、工作物をいったんチャックから外して、左右逆転させることで両端面の加工を行います。

(3) 穴あけ加工

旋盤では、右端面の中心位置にドリルで穴あけ加工ができます(図2.3のa図)。直径の大きな穴の場合には、ドリルで穴あけした後に、さらにバイトで所定の寸法まで削ります。これを中ぐり加工といいます(同b図)。

(4) ねじ加工

おねじ加工は工作物の外周におねじ切りバイトで加工します。一方、めねじ加工はドリルで穴あけ加工してからめねじ切りバイトで加工します(同c図とd図)。もう1つの方法は、旋盤から外してダイスとタップという工具を使って手作業で加工する方法もあります。これについては第4章で解説します。

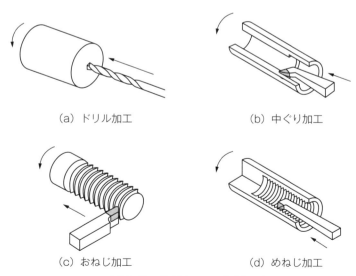

図2.3　旋盤加工の事例-2

旋盤加工の原理と3つの加工条件

丸形状の加工を行う旋盤の大きな特徴は「工作物を回転」させることです。他の工作機械は旋盤とは逆に「工具を回転」させて削ります。また、多くの工作機械は加工者から見て左右対称の構造ですが、旋盤には方向性があり、工作物を回転させる機能は左側に、工具を保持する機能は右側にあります。この方向性はどのメーカー製の旋盤でも同じです。

工作物は回転のみで、前後左右には動きません。それに対して工具を前後左右に動かすことで所定の形状に削る原理です。すなわち加工条件は、工作物の「回転数」と、工具の「切込み量」「送り速度」の3つになります（詳細は57ページ）。

旋盤の加工精度の目安は、寸法精度で「±0.02mm」、表面粗さは算術平均粗さで「～Ra1.6（旧記号で▽▽▽）」です。

〈旋盤加工の3条件〉
1) 回転数
2) 切込み量
3) 送り速度

加工形状	加工精度	表面粗さ
丸形状	中 (～±0.02)	Ra1.6 (～▽▽▽)

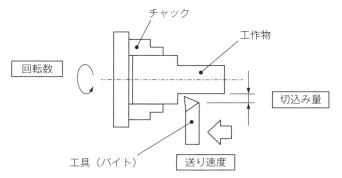

図2.4　旋盤加工の3条件

旋盤の種類

　旋盤には、普通旋盤、正面旋盤、立て旋盤、NC旋盤があります。通常、旋盤といえば普通旋盤を指します（図2.5）。正面旋盤は工具の向きが普通旋盤と90°違った構造になっており、外径が大きく長さの短い工作物の面加工に向いています（図2.6）。立て旋盤は普通旋盤を垂直に立てた構造で、工作物を水平な面に固定するため、重量物の加工に向いています。

　また、NC旋盤は数値データを入力することにより、一連の加工を自動で行える生産性の高い工作機械で、加工現場での主力機種になっています。このNC旋盤は第３章でも紹介しますが、加工原理は普通旋盤と同じなので、本章で基本をおさえてください。

旋盤の構造

　旋盤は大きく３つの機能で構成されています。① 加工者から見て左側は工作物を回転させる「主軸台」、② 中央部は工具（バイト）を前後左右に移動させる「往復台」、③ 右側は長い工作物を支えたり、工作物の端面中央に穴あけを行うための工具（ドリル）を固定する「心押し台」です。通常は、①主軸台と②往復台のみを使用し、必要な場合には③心押し台も併用します。

　②の往復台の前後左右の移動は、手動だけでなく自動で送る機能もついています。また細くて長い工作物はたわみやすいので、工作物の右端面の中心に小さな穴（センタ穴という）を加工し、この穴に③の心押し台に保持された先端の尖ったセンタと呼ばれる部品を押し当てることで工作物を支えます。

　なお本書では、旋盤の向きを表す際に、加工者が立つ位置から見た方向で「左右方向」や「前後方向」で記述します。

〈旋盤加工の特徴〉
- 工作物が回転
- 工具は前後・左右移動
- 加工形状は丸

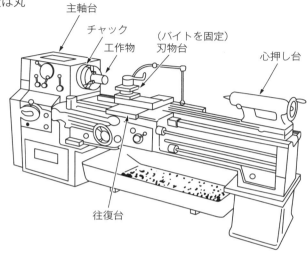

図2.5　普通旋盤の構造

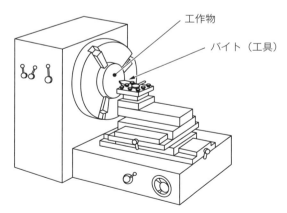

図2.6　正面旋盤の構造

第 2 章　削って丸形状をつくる旋盤加工

工作物の
チャッキング方法

固定と位置決めを行う

　工作物をチャックで保持することを、チャッキングといいます。このチャッキングでは工作物の「固定」と同時に、旋盤の回転中心と工作物の中心を合わせる「位置決め」を行っています。

もっとも一般的な三つ爪チャック

　三つ爪チャックは、チャック側面の穴に着脱式のハンドルを差し込んで回転させると、3つの爪が中心に向かって同時に動きます（図2.7のa図）。これにより工作物の固定と位置決めを同時に行うことができる便利な構造になっています。

　この爪には硬爪と生爪があります（同b図とc図）。硬爪は工作物の直径が変わっても使える標準品であり、これに対して生爪は工作物ごとに合わせてつくるので専用品になります。

　硬爪は焼入れされており、硬く耐摩耗性に優れますが、工作物表面に傷がつきやすいので、軟らかいアルミニウムや銅板を爪と工作物の間にはさむことも行われます。

　高精度の加工が必要な場合は、生爪を旋盤に取り付けて、工作物をチャッキングする前に、爪を工作物の外形寸法に合わせて加工します。これにより旋盤の回転中心と生爪の位置決め中心がぴったりと合い、また工作物を面で保持することができるので傷もつきません。この生爪はNC旋盤でよく使われています。

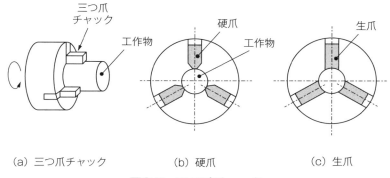

(a) 三つ爪チャック　　　(b) 硬爪　　　(c) 生爪

図2.7　三つ爪チャック

コレットチャック

　直径が小さな工作物では、コレットチャックを使います。身近な例では、短くなった鉛筆を保持するホルダーに使われており、鉛筆をホルダーに差し込んで外側のリンクを回すことで、スリットの入ったホルダーが鉛筆を締め付ける構造になっています。

　このチャックは広い面積で工作物を保持するので、傷がつきにくく、薄肉のパイプやアルミニウム、銅といった柔らかい材料の工作物に適しています。

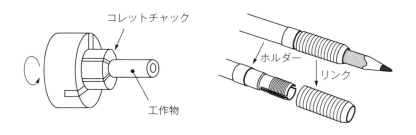

（a）旋盤のコレットチャック　　　（b）鉛筆用のコレットチャック

図2.8　コレットチャック

四つ爪チャック

　四つ爪は四方向を個別に調整できるので、角形状の工作物を保持する場合や、端面の中心以外に穴あけしたいなど意図して偏心させたい場合に使用します。ただし心出しといわれる中心を合わせる作業には手間と時間がかかります（図2.9のa図）。

心押し台のセンタ

　工作物が細くて長い場合には、工作物の右端面を支えることで、安定した加工が可能になります。この工作物を支える部品を「センタ」といいます（図2.9のb図）。必要な精度にもよりますが、一般的には直径に対して長さが4～5倍以上の工作物を加工する際にセンタを使用します。

　センタには固定センタ（デットセンタともいう）と回転センタがあります。固定センタは一体物なので、ガタつきがなく回転の精度が高い反面、接触点は摩擦により摩耗や発熱による熱膨張が発生します。一方、回転センタはベアリングが内蔵されていて、接触点が工作物と一緒に回転するため、摩耗や発熱を抑えることができます。

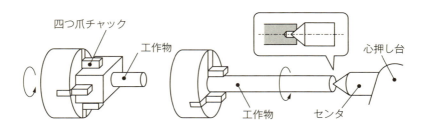

(a) 四つ爪チャック　　　(b) 心押し台のセンタ

図2.9　四つ爪チャックとセンタ

第 2 章　削って丸形状をつくる旋盤加工

旋盤に使用する工具

片刃バイト

　旋盤で使用する工具は「バイト」といい、加工する形状によってさまざまな種類があります。その中でもっともよく使用されるのがこの片刃バイトです。刃が片面についており、外周や端面の加工に使用します（図2.10のa図）。また、バイトを固定している刃物台（刃物台は往復台上に固定されている）を回転させてバイトの角度を変えることで、工作物の角に45°の面をつけるC面取り加工も可能です。

突切りバイト

　円柱の外周面に溝を入れる場合や、工作物を切り落とす際に使用します。バイトを工作物に垂直に当てて、加工者から見て前から後方へ送ることで切削します（図2.10のb図）。

　バイトの切れ刃は正面だけなので、工作物に当てたまま横方向には送れません。またバイトの幅が狭く、曲がったり破損しやすいので扱いには注意が必要です。

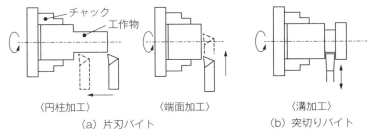

図2.10　片刃バイトと突切りバイト

中ぐりバイト（穴ぐりバイト）

　大きな穴をあける際には、現場で保有している最大径のドリルで穴あけしてから、続いて中ぐりバイトで所定寸法に加工します。またドリルでは加工精度が出ないので、精度の高い穴や、内面をなめらかにしたい場合にも、この中ぐりバイトで仕上げます。中ぐりバイトは、穴ぐりバイトやボーリングバーともいいます。

　ただし、この中ぐり加工には難しさがあります。加工面が見えないので切れ味の確認ができないこと、切りくずが排出されにくいこと、注意しないとバイトが工作物と接触すること、深い穴の場合にはバイトがたおれ（曲がり）やすく加工精度が出にくいことが難点です。

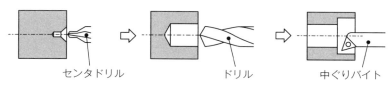

図2.11　中ぐりバイト

ねじ切りバイト

　旋盤でのねじ切りは、おねじは「おねじ切りバイト」で加工します。またねじはドリルで穴あけしてから、「めねじ切りバイト」でらせん状に加工します（図2.12）。ねじは1回で加工するのではなく、数回に分けて徐々に切り込んで完成させます。

　特にねじ加工の中で難しいのが「切り上げ」とよばれるおねじの不完全ねじ部の加工です。徐々にらせん溝の深さが変わるので、高度なスキルを必要とします。その対応策が後述する図2.23の逃げ加工になります。

 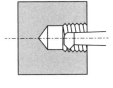

(a) おねじ加工　　　　　　(b) めねじ加工

図2.12　ねじ切りバイト

穴あけ加工の工具

穴あけ加工に使用する工具の「センタドリル」「ドリル」「リーマ」は、心押し台に固定して使用します。これらの工具の詳細は第4章で紹介します。

バイトの構造別種類

ここまでは機能別に見てきましたが、次は構造に注目します。

バイトの構造にはいくつか種類がありますが、ここでは主な「ろう付けバイト」と「スローアウェイバイト」を紹介します。

(1) ろう付けバイト

ろう付けバイトは付刃バイトともいい（図2.13のa図）、刃物台に固定するためのシャンクの先端にチップとよばれる切れ刃をろう付けしたものです（ろう付けについては第7章で解説します）。

このろう付けバイトは、グラインダーという回転する砥石に刃先をあてて最適な形状に仕上げます。加工により摩耗した際の再研磨も手作業で行うため、加工者の高いスキルが必要とされます。

超硬合金の切れ刃は添加物の種類や添加量、粒径の違いにより大きくP、M、Kの3種類に分かれ、わかりやすいようにシャンクに色付けしています。使い分けの目安は、P（青色）は鉄鋼材加工用、M（黄色）はステンレス加工用、K（赤色）は鋳鉄やアルミニウム、銅

などの非鉄金属の加工用です。

熟練の加工者は何十本ものバイトを自らの手でメンテナンスしながら使いこなしています。

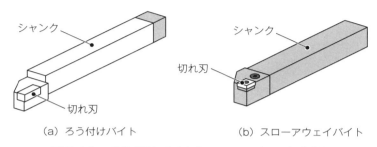

(a) ろう付けバイト　　　　(b) スローアウェイバイト
図2.13　ろう付けバイトとスローアウェイバイト

(2) スローアウェイバイト

スローアウェイバイトは、シャンクと切れ刃をねじで固定する構造になっています（図2.13のb図）。シャンクと切れ刃はそれぞれ市販されており、用途に応じて多くの種類がそろっています。摩耗した際には、再研磨せずに交換するだけなので便利です。

形状は三角形、四角形、六角形、ひし形、丸形といろいろありますが、主に三角形や正方形が広く使用されています。三角形状の両面タイプでは「三辺 × 両面」の計6面の切れ刃を使用することができます。いまはこのスローアウェイバイトが主流です。

第 2 章　削って丸形状をつくる旋盤加工

旋盤の加工条件

3つの加工条件とは

　旋盤の加工条件には「工作物の回転数」「バイトの切込み量」「バイトの送り速度」の3つがあり、工作物やバイトの材質、加工精度、仕上げ面の粗さ（荒削りなのか仕上げ削りなのか）によって条件は異なります。この最適な加工条件をいかに見い出すかが、加工者のスキルになってきます。

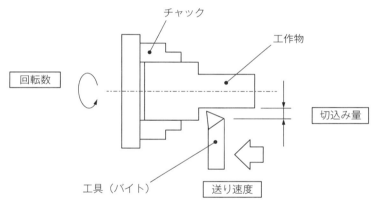

図2.14　3つの加工条件

工作物の回転数

　加工条件の1つは、バイトが工作物を削る「切削速度」です。これは1分間に削り取る長さ（m/分）で表されます。
　同じ回転数でも工作物の直径が大きくなるほど、切削速度は速くなります。そのために最適な「切削速度」を決めてから、工作物の直径を踏まえて「回転数」を算出します。回転数は1分間に何回転するの

かを表したもので、単位はrpm（回転/分）です。

　端面の加工では外周から中心に向かって削るために、外周近辺の切削速度は速く、削るにしたがって中心部に近づくほど低速になります。加工後の端面を見ると、中心部よりも外周部の方が光沢のあるなめらかな面になるのは、この切削速度の違いによるものです。

　加工の効率を考えると、切削速度は速いほうが良いのですが、バイトの摩耗が激しくなることから、加工効率と経済性の両面から切削速度を決めています。

バイトの切込み量

　1度にたくさん削るのか、ほんの少し削るのかを決めるのが2つめの加工条件です。バイトが工作物を削り取る際の深さを「切込み量」といい、単位はmmです。

　切込み量は大きいほどたくさん削れるので、切削回数は減り加工の効率は良いのですが、その反面加工精度が粗くなります。一般に、荒加工では切込み量を大きくし（片側2mmなど）、仕上げでは小さな切込み量（片側0.5mm以下など）で加工します。

バイトの送り速度

　いくら工作物が回転しても、工具が進まなければ削れません。工作物が1回転したときにバイトが移動する距離を送り量といい、単位はmm/回転です。この「送り量（mm/回転）」に「工作物の回転数（rpm＝回転/分）」を掛けると「送り速度（mm/分）」に換算することができます。送り速度が速いほど加工の効率はあがりますが、加工の表面は粗くなります。

表面粗さの加工条件

　加工した面の表面粗さは、バイト先端の半径である「ノーズ半径」とバイトの「送り量」（１回転で進む量）が影響します。切削加工は工具の形状がそのまま工作物に転写されるので、ノーズ半径が大きいほど、また送り量が小さいほどなめらかな面に加工することができます。

　下の図で説明します。a図は表面粗さが大きい状態です。そこで、ノーズ半径を大きくした場合がb図になります。またノーズ半径は同じままでバイドの送り量を小さくした場合がc図です。どちらも表面粗さが改善することがわかります。ただしノーズ半径が大きいと、切削の抵抗が大きくなり切れ味が悪くなったり、びびりといわれる振動の発生原因になります。

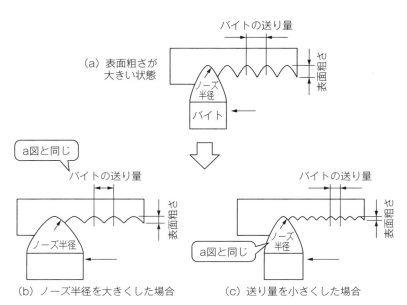

図2.15 表面粗さの加工条件

第 2 章 削って丸形状をつくる旋盤加工

図面の意図を読む

部品図は加工の向きに合わせる

　旋盤は、どのメーカー製でも工作物の左側をチャックして、右側から加工します。部品図はこの加工と同じ向きに合わせて描きます。これにより加工者が見やすくなり、読取りミスも防げます。

　JIS規格にも「部品図など加工のための図面では、加工に当たって図面をもっとも多く利用する工程で、対象物を置く状態で描くこと」が明記されています。旋盤以外の工作機械は左右対称形なので、とくにこのルールを意識する必要はありませんが、旋盤には方向性があるため、このルールに従います。

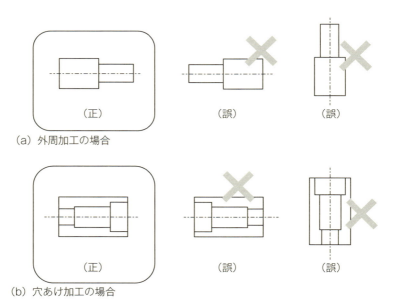

(a) 外周加工の場合

(b) 穴あけ加工の場合

図2.16　施盤加工における部品図の向き

一度つかんだら離さない設計

　たとえば両端に止まり穴（貫通していない穴）がある場合、右端面を加工したら工作物をチャックから外して、左右を逆転させてから左端面を加工しなければなりません。そうなると工作物の着脱作業の手間が増えるだけでなく、2つの穴の中心軸がずれてしまいます。すなわち同軸度の悪化です。

　その解決策として、すべて同一方向から加工できる形状を最優先で検討します。すなわち一度チャックでつかんだら離さない設計です。そうすることで着脱の作業はなくなり、中心軸のずれも起こりません。やむなく両方向からの加工が必要な場合には、目安として同軸度$\phi 0.02～0.05$程度のずれが発生します。

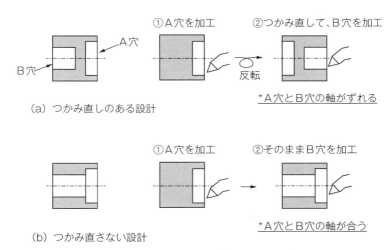

図2.17　つかんだら離さない設計

段付き隅部の半径R寸法指示

切削加工の特徴の1つは、工具の形状がそのまま工作物に転写されることです。そのため段付き隅部の半径R寸法の図面指示は、使用する工具に影響を与えます。たとえば段付き隅部にR0.5の図面指示があると、工具であるバイトの先端切れ刃部の半径（ノーズ半径）も同じくR0.5に限定されてしまいます。しかし、ノーズ半径は加工効率や加工面の表面粗さに大きく影響するため、できるだけ加工者が選択できる範囲を広げておくのが得策です。

そこで隅部の半径は、他の穴部品と組んだ際に干渉しないために指示することが多いので、寸法指示に「以下」の表示をつけることで範囲を広げます。先の例では、「R0.5」ではなく「R0.5以下」と表します。これにより、ノーズ半径は０から0.5まで選択肢が広がります。

図2.18　半径Rの指示

穴の内側に溝はつけない

穴と軸のはめあいにおいて密閉性を高めたいときには、Oリングをはめる構造が広く使われています。このときOリングをはめる溝は、穴の内側につけるのか、軸の表面につけるのか、どちらが良いのでしょうか。

機能だけに注目すれば両方とも同じですが、加工性と組立性で雲泥の差があります。軸の表面へは突切りバイトを用いて容易に加工でき

ますが、穴の内側の溝加工は中ぐりバイトを使用する難しい作業になります。さらに溝加工後のOリングの組立作業においても、軸にはめるのは簡単ですが、穴の溝にはめることは困難です。以上の理由から「溝加工は迷わず軸につけるべき」が答えになります。

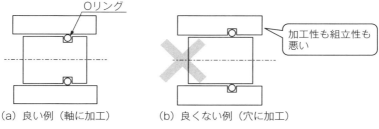

(a) 良い例（軸に加工）　　(b) 良くない例（穴に加工）

図2.19　溝は軸につける

高精度の軸には逃げ加工を行う

　穴と軸のはめあいにおいて、広く使われている「穴公差H7、軸公差g6」は、手ではガタをほとんど感じないスムーズな勘合です。このレベルのはめあいでは、ほんの小さなゴミや異物が入り込んでもこじれてしまいます。またはめあい部が長いと、穴と軸の反りが影響して入りにくくなります（図2.20）。

　その対策として、軸の中間部を逃がして径を細くする方法があります。これによりゴミ異物や反りの影響を回避することができます。この逃げ加工は簡単にできるので、コストも上がらずお勧めです。

　図面に指示する際には、逃げ部を直径で指示すると直径寸法に意味があるように見えるので、一案として直径ではなく外径からの削り量で表します。たとえば「逃げ深さ0.5」といった表示です。ただし、これはJIS規格ではなく、オリジナルルールになります。

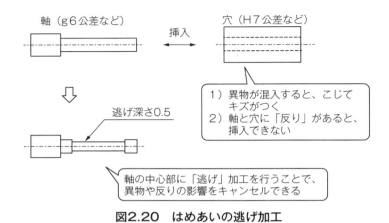

図2.20　はめあいの逃げ加工

センタ穴加工の図面指示

　工作物が直径に対して長い場合には、右端面を支えるためにセンタ穴を加工してセンタで支えることによりたおれを防止します。目安として、直径に対して4〜5倍の長さでセンタ穴を加工しています。このとき図面に何も指示がないと、加工者や検査担当者はセンタ穴があくことの可否を設計者に問い合わせることになります。

　その手間と時間を省くための対応策として、設計者が図面にセンタ穴加工の可否を表しておくことが有効です。JIS規格では簡略図示方法やセンタ穴寸法の指示方法がルール化されていますが、この規格の認知度は低い上に、センタ穴寸法は加工者が判断するので、図面には具体的なセンタ穴寸法は記さず「センタ穴可」と文言で記載することをお勧めします（図2.21）。

　もし深さに制限がある場合にはたとえば「センタ穴可、深さは5mm以下」と記載し、やむなくセンタ穴を残すことができない場合には「センタ穴は不可」と指示します。この場合には加工を終えた最後に、端面加工でセンタ穴を削り落とします。

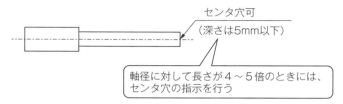

図2.21　センタ穴指示の一例

外周溝加工の深さ制約

　外周に溝を加工する際には突切りバイトを使いますが、このバイトは幅が狭いので、曲がったり破損させないように注意が必要です。バイトの刃幅に対する切込み深さの目安を紹介します。

刃幅W	切込み 最大深さL
2mm	15mm
3mm	20mm
4mm	25mm
5mm	25mm

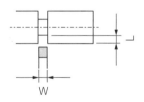

図2.22　溝加工の制約

おねじの逃げ加工

　おねじを切る際に、不完全ねじ部は徐々に谷径が小さくなる難しい加工です。そのため逃げ加工をしておくと、通常のねじ加工だけでよいのでお勧めです。逃げ加工の幅は3mm程度を目安とし、深さは谷径よりも小さくします（図2.23）。

めねじの逃げ加工

　ねじ切りバイトでめねじを切る場合には、バイトの先端を逃がすためにねじ長さよりも長い下穴が必要になります。この逃げ寸法は最低ねじの3ピッチ分を目安とします（図2.24）。

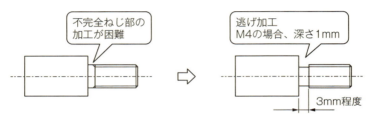

図2.23　おねじの逃げ加工

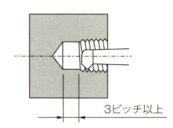

図2.24　めねじの逃げ加工

第 3 章

削って角形状をつくる
フライス加工

第 3 章　削って角形状をつくるフライス加工

フライス加工の特徴とフライス盤の種類

角形状の加工を行うフライス盤

　前章では「丸形状」の工作物を加工する旋盤を紹介しました。本章では「角形状」の工作物を加工するフライス盤を解説します。

　「フライス」は多数の切れ刃を持った工具全般のことを意味し、このフライスを用いる工作機械をフライス盤といいます。フライス盤は英語ではミリングマシンといいます。

フライス盤での加工事例

　まずはじめに、フライス盤で加工できる事例を見ておきましょう（図3.1）。カッコ（　）は使用する工具名です。

（1）外形加工（正面フライス）

　工作物の外形を広く平面に削る加工です。

（2）側面加工（エンドミル）

　側面加工や段付きの形状、円弧に加工することができます。

（3）溝加工（エンドミル、すり割りフライス、メタルソー）

　溝形状やポケット状のくぼみ、キーみぞ、スリット（すり割りともいう）を加工することができます。

（4）穴あけ加工（ドリル、リーマ、エンドミル）

　旋盤やボール盤と同じように、フライス盤でも穴加工が可能です。

（5）曲面加工（エンドミル）

　複雑な曲面加工は、後述するNCフライス盤やマシニングセンタで加工します。

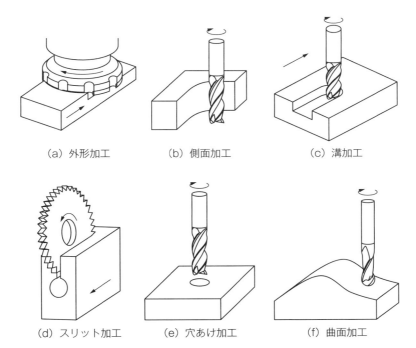

(a) 外形加工　　(b) 側面加工　　(c) 溝加工

(d) スリット加工　(e) 穴あけ加工　(f) 曲面加工

図3.1　フライス加工の事例

フライス加工の原理と3つの加工条件

　フライス盤は旋盤とは逆に「工具を回転」させて削ります。工具は回転のみで、工作物を前後・左右・上下に動かして所定の形状に削る原理です（図3.2）。すなわち加工条件は工具の「回転数」と工作物の「切込み量」「送り速度」の3つになります（詳細は78ページ）。

　フライス盤の加工精度の目安は、寸法精度で「±0.02mm」、表面粗さは算術平均粗さで「～Ra1.6（旧記号で▽▽▽）」です。

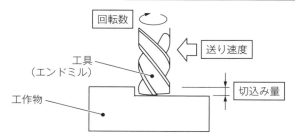

図3.2　フライス加工の3条件

フライス盤の種類と構造

　フライス盤には、立てフライス盤、横フライス盤、NCフライス盤、マシニングセンタがあります（図3.3）。一般にフライス盤といえば、汎用性のある立てフライス盤を意味します。

　立てフライス盤は、工具を回転させる主軸が床に対して垂直方向の構造であるのに対して、横フライス盤は主軸が水平方向の構造になっています。NCフライス盤はNC旋盤と同じく、数値データの入力により自動で加工できる工作機械で、さらに工具の自動交換機能が付いたものがマシニングセンタです。NC工作機については後述します。

〈フライス加工の特徴〉
- 工具は回転のみ
- 工作物は前後・左右・上下移動
- 加工形状は角

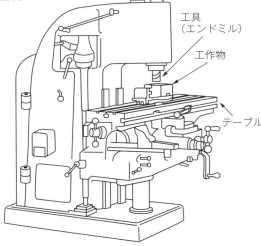

(a) 立てフライス盤

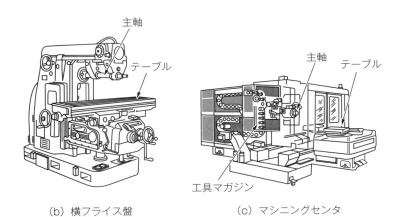

(b) 横フライス盤　　　　(c) マシニングセンタ

図3.3　フライス盤の種類

第 3 章　削って角形状をつくるフライス加工

工作物の
チャッキング方法

工作物の固定方法

　工作物の固定は、バイスと呼ばれる固定具に固定してからテーブル上に設置し、工作物が大きい場合には直接フライス盤のテーブルに固定します。

バイスを用いる方法

　バイスは「万力（まんりき）」とも呼ばれ、フライス盤に限らず工作物を固定する一般的な治工具です（図3.4のa図）。ハンドルを回すと片側の口金が閉まって、工作物をはさみ込む構造になっています。工作物の形は角形状でも丸形状でも可能です。はさみ込んだ際に工作物にきずがつかないように、口金と工作物の間に銅板やアルミ板をはさむこともあります。工作物を固定したバイスは、フライス盤のテーブルにボルト固定します。

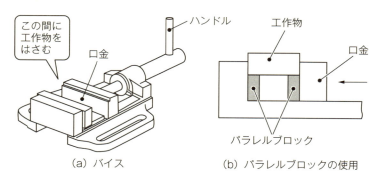

　　　（a）バイス　　　　　　　（b）パラレルブロックの使用

図3.4　バイス

工作物の厚みが薄い場合には、加工したい面が口金に隠れてしまうので、工作物をかさ上げするためにパラレルブロックと呼ばれる2本の平行台を敷きます（同b図）。パラレルブロックは形が和菓子のようかんに似ていることから、加工現場では「ようかん」ともいいます。2本1組で市販されている高精度のパラレルブロックは焼入れされており、厚みも平行度もμmレベル（千分の1ミリ）の寸法精度が出ています。工作物の加工精度に直接影響するので、取扱いも慎重に行います。

テーブルに直接固定する方法

　一方、工作物が大きい場合にはバイスで固定できないので、フライス盤のテーブルに直接固定します。テーブルのT溝を使ってハネクランプではさみ込む方法と、ステップクランプとステップブロックではさみ込む方法があります。前者は工作物の厚みが比較的薄い場合に用い、後者は高さ調整が可能です。これらのクランプは一般に市販されています。

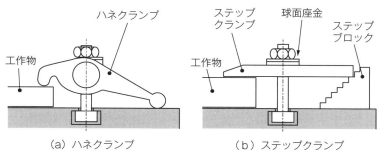

（a）ハネクランプ　　　　　（b）ステップクランプ

図3.5　ハネクランプとステップクランプ

第3章 削って角形状をつくるフライス加工

フライス盤に使用する工具

正面フライス

　板材の厚みを削ったり、直方体の外形といった広い平面を加工する際には「正面フライス」を使います。75ページで紹介するエンドミルよりもはるかに直径が大きい（φ80～200など）ので、効率よく加工することができます。

　カッターボディと呼ばれる本体に、切れ刃のチップ（インサートともいう）をねじ固定しています。このチップは旋盤でも紹介したスローアウェイチップで、交換可能な消耗品です。チップの材質は超硬合金とサーメットが主流です。なお切れ刃の数は加工精度と加工能力に影響します。

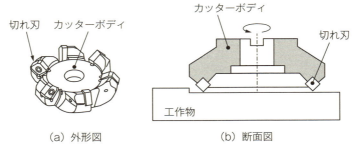

（a）外形図　　　　　　（b）断面図

図3.6　正面フライス

正面フライスの同時切れ刃の数

　安定した加工をするには、加工時の衝撃をできる限り抑えることが大切です。この点において旋盤で使用するバイトは第1章で紹介した単刃工具で、連続して工作物に接するので比較的安定していますが、

フライス盤で使用する正面フライスやエンドミルは多刃工具で、複数の切れ刃で削るので断続的な切削になり、刃が工作物に接触するたびに衝撃が加わることになります。

とくに正面フライスは直径が大きいので、刃数が少ないと工作物に刃が1つもあたっていない瞬間が生じて次の刃が接触したときに大きな衝撃につながります。以上の理由から、同時に加工している切れ刃（これを同時切れ刃という）の数は、常に同じであることが理想です。

一方、逆に刃数を増やしすぎると、刃の高さのバラツキが影響して仕上げ面の表面粗さが悪化したり、隣の刃との間隔が狭まることにより切りくずが排出されずに詰まってしまうリスクも発生します。

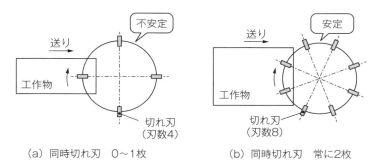

図3.7　同時切れ刃の数

エンドミル

広い面は正面フライスで削り、側面や段差、溝などはエンドミルで加工します（図3.8のa図）。エンドミルは底面と側面の両方が切れ刃になっており、刃径はφ3〜30がよく使われています。またφ0.1やφ0.2といった極細のエンドミルも市販されています。材質は高速度工具鋼（ハイス鋼）や超硬合金が一般的で、刃数は2枚刃もしくは4枚刃がよく使われています。

刃先の形状は「スクエアエンドミル」「ラジアスエンドミル」「ボールエンドミル」「テーパエンドミル」の4種類があります（同b図）。スクエアエンドミルの刃先のコーナー半径Rは限りなくゼロに近いレベルで、市販品のカタログにも半径寸法の記載がありません。ラジアスエンドミルは刃先のコーナー半径Rがついたもので、市販品の一例ではR0.1〜1.0まで0.1mm単位で選択ができます。

（a）エンドミルの名称

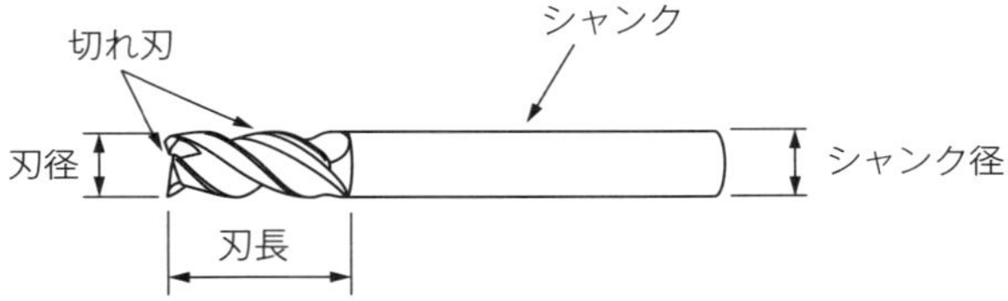

（b）エンドミルの各種形状

名称	形状	加工事例
スクエアエンドミル		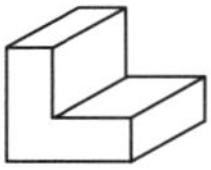
ラジアスエンドミル		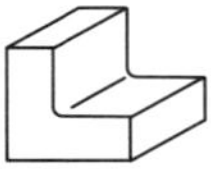
ボールエンドミル	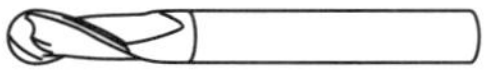	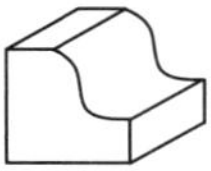
テーパエンドミル		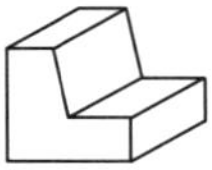

図3.8　エンドミルの名称と各種形状

　ボールエンドミルは底面が半球形状になったものです。先のラジアスエンドミルとこのボールエンドミルは、意図的に工作物の隅に半径

をつける場合に用います。たとえば、曲面を加工する場合にスクエアエンドミルを使うと加工面が階段状になってしまうのに対して、半径をつけることでゆるやかな波状に加工することができます。

最後のテーパエンドミルは、元から先端に向かうほど刃径が徐々に細くなるテーパ形状になったものです。工作物に勾配をつけたいときに使用します。

これら4種のエンドミルは、シャンクと刃が一体のタイプと、刃が交換できるスローアウェイチップのエンドミルが市販されています。ただしスローアウェイチップの刃径は構造上大きくなり、φ10以上が一般的です。

すり割りフライスとメタルソー

スリットと呼ばれる細い溝を加工するときに使用する工具です。「すり割りフライス」は刃先から回転中心までが同じ厚みなのに対して、「メタルソー」は刃先よりも回転中心に向けて薄くなっています。これは加工した面と刃先の干渉を防ぐのが狙いです。どちらも横フライス盤（図3.3のb図）で使用します。

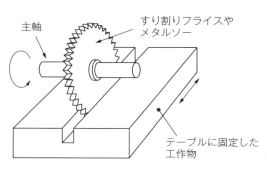

図3.9　スリット加工

第3章 削って角形状をつくるフライス加工

フライス盤の加工条件

フライス加工の3つの加工条件

フライス盤の3つの加工条件を見ていきましょう（図3.2）。基本的な考え方は旋盤と同じです。

（1）工具（正面フライスやエンドミル）の回転数

最適な切削速度が決まれば、使用する工具の直径を加味して回転数を算出します。

（2）工具の切込み量

切込み量は旋盤と同じく、工作物を削り取る深さmmです。

（3）工作物の送り速度

送り速度は工作物が1分間に移動する量で、単位はmm/分になります。この送り速度を求めるうえで、工具の「1刃あたりの送り量」が必要になります。フライス盤に使用する工具は正面フライスもエンドミルも、複数の刃（2～6刃など）を持っています。

1刃あたりの送り量はmm/刃で表され、工作物の材質や加工後の表面粗さにより標準的な目安が決まっています。

参考までに、工作物の送り速度の計算式を紹介すると、
工作物の送り速度（mm/分）＝1刃あたりの送り量（mm/刃）× 刃数（刃/回転）× 工具の回転数（回転/分）
となります。一般的には回転数（切削速度）が速く、切込み量は小さく、工作物の送り速度は遅いほど、キレイな仕上げ面が得られます。

回転数が速いほど単位時間あたりの切削量は増えるので、加工効率はよいのですが、発熱により工具の寿命が短くなるなど、工具の材質も考慮に入れて、品質と経済性の双方に適した条件を求めます。

アップカットとダウンカット

　工具の回転方向と工作物の送り方向の関係には、2つのパターンがあります。工具の回転方向すなわち削る方向と工作物の送り方向が向き合うパターンが「アップカット」で、双方の方向が一致するパターンを「ダウンカット」といいます。それぞれにさまざまな長所と短所があります。アップカットは仕上げ面がなめらかで、ダウンカットは工具の寿命が長いのが特徴です。実務面では、コストの経済性を優先したダウンカットが一般的です。

　ただし、この考え方は側面加工の場合に該当します。溝加工する場合には、切れ刃の半分はアップカットで、あとの半分はダウンカットで加工していることになります。

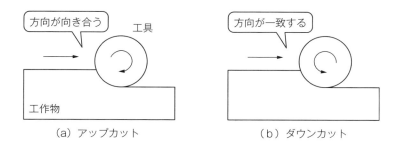

（a）アップカット　　　　（b）ダウンカット

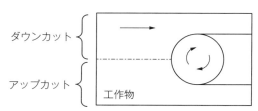

（c）溝加工のアップカットとダウンカット

図3.10　アップカットとダウンカット

第3章 削って角形状をつくるフライス加工

自動のNC工作機械

工作機械の自動化メリット

　これまで紹介した工作機械は、作業者が操作をして加工します。そのため作業者のスキルが直接品質に影響し、生産能力にも限界が出てきます。こうした背景から、工作機械の自動化が図られてきました。

　自動化の狙いとメリットは、第1章でも紹介したように、
①加工者による品質バラツキをなくす
②習熟度が低くても、比較的短期間で加工が可能になる
③1人で複数台数の加工機を同時に動かせる（多台持ち）
④無人運転により、夜間の加工も可能である
⑤段取りも含めた加工効率があがる

　たとえば汎用機では難易度の高い曲面の加工でも、自動化により「誰でも、いつでも、正確に、ラクに加工できる」ようになります。一方、自動工作機械が高額であることや、加工内容を工作機械に指示するためのプログラミング技術の習得が必要になります。

NCとCNCの意味

　自動化された工作機械の名称には、NC旋盤やCNCフライス盤のように、NCやCNCの頭文字がついています。NCは「数値制御」のことで「位置や速度を自動で制御する」という意味です。すなわちNC旋盤は、数値制御できる自動工作機械になります。

　当初のNC装置は、トランジスタやICなどの組合わせで論理演算を行い、加工情報は紙テープにパンチング（穴あけ）して、NC装置に読み込ませていました。やがてコンピュータが普及すると、NC装置にもコンピュータが導入され、プログラムの作成や入力作業も格段に便利になりました。これをコンピュータNC装置すなわちCNC装置と

いい、NC装置と区別していました。しかし現在のNC装置はすべてコンピュータ化されているので、NC装置もCNC装置も同じ意味で使われています。本書ではNCに統一して記載します。

NC旋盤

汎用旋盤にNC装置を組み込んだものが「NC旋盤」です。工具も自動交換できるので、連続した加工が可能です。

NC旋盤の作業手順を紹介すると、
①図面を読みながら、プログラムを作成する
②プログラムを工作機械に入力する
③使用する工具一式を、工作機械にセットする
④材料を供給装置に投入する
⑤試し加工を行い、OKなら本加工開始

プログラムにはさまざまなタイプがあり、加工動作を1つずつ指示するものや、必要な寸法などの情報を入力すると自動で作成してくれる対話式のものもあります。

量産品やねじ加工などの高度な加工技術が必要なものは、このNC旋盤での加工が主流になっています。

NCフライス盤とマシニングセンタ

汎用フライス盤にNC装置を組み込んだものが「NCフライス盤」です。ただし、工具の自動交換機能はついていません。この自動工具交換装置がついたものが「マシニングセンタ」です（図3.3のc図）。略して「マシニング」ともいい、汎用フライス盤と同じように立形と横形があります。

複合加工機

　高精度、高性能、高能力に対応するため、さまざまな工作機械が市販されています。その中でもNC旋盤とマシニングの両方の機能を持った「複合加工機」の発展は目覚ましく、1台ですべての加工が可能になります。また熱変形への高度な対応や、工具と工作物との衝突防止機能などが盛り込まれたものもあります。

3軸制御と5軸制御

　工具や工作物を可動できる数は「軸」で表しています。立形のマシニングセンタは3軸制御が一般的で、工具を前後・左右・上下の3方向に可動できます。多くの加工はこの3方向で対応可能ですが、さらに工作物を載せるテーブルを「傾斜させる軸」と「回転させる軸」を加えて5軸制御になると、スクリューのような複雑形状の加工に威力を発揮します。

　また3軸で加工できる直方体でも、5軸あれば工作物の向きを替える段取りを自動で行うことができ、連続運転も可能になります。

CAD/CAM/CAEとは

　コンピュータによる設計支援のソフトウェアが「CAD(キャド)」です。昔はドラフターという製図板に手書きで設計していましたが、いまはCADを使う設計が一般的です。このCADには設計データが蓄積されるので、このデータからNC加工用のプログラムを自動で作成するソフトウェアが「CAM(キャム)」です。

　「CAE(シーエーイー)」は、開発段階で力や熱などの影響をコンピュータ技術でシミュレーションするソフトウェアです。従来は試作品をつくって評価していましたが、このCAEにより机上で短時間に予測検証が可能になります。

第 3 章 削って角形状をつくるフライス加工

切削加工で生じる現象

加工硬化とは

　切削加工で発生する現象として「加工硬化」「構成刃先」「発熱」そして「びびり」があります。これらについて紹介します。

　材料に大きな力が加わると、結晶が引き伸ばされる現象が起こります。ある程度引き伸ばされるとそれ以上は変形しにくくなり、強さと硬さが増すと同時にもろくなります。この現象を「加工硬化」といいます。

　通常ニッパーで切断する針金は、工具がない場合には同じ箇所を繰返し曲げることでポキンと折れる経験をしたことがあるでしょう。これは折返しにより結晶の引伸ばしが起こり、加工硬化で硬くなったためです。材料は硬くなると同時にもろくなるので、もろさを利用して折るというわけです。

　切削加工においても、切れ刃が工作物を削り取る際に加工硬化が生じており、工作物の加工表面も切りくずも硬くなっています。

　また、この加工硬化を利用した加工法が第 5 章で紹介するショットピーニングです。金属の小さい粒子を工作物に高速でぶつけて、工作物の表面に加工硬化を起こすことで、耐摩耗性の向上や疲労による破壊を防ぎます。

構成刃先とは

　構成刃先とは、切れ刃に切りくずの一部が強く付着して、あたかも刃先のような役割を果たすものです。軟鋼やステンレス鋼、アルミニウムなどの粘っこい材料で生じやすい現象です。

　構成刃先は加工が進むにつれて徐々に大きくなり、ある程度の大きさになると刃先から脱落して、また新たに付着がはじまります。

83

これが短い時間に何度も繰り返されます。

構成刃先が発生すると工作物を削りすぎることにより寸法精度が乱れ、加工表面も粗くなります。また脱落する際に本来の刃先も一緒に巻き込み欠けてしまうチッピングが発生します。

この構成刃先は鋼材では約600°で消滅するので切削速度を速めたり、後述する切削油剤により付着を防ぎます。

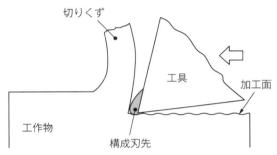

図3.11　構成刃先

切削時の発熱の原因

切削箇所の発熱は「工作物が切りくずになる際の破断」と「切りくずと工具の摩擦」、そして「工作物と工具の摩擦」が原因で、鋼材の場合で800～1000℃近い温度にまで達します。この熱の約8割が切りくずに、残りの2割が工具と工作物に伝わるといわれています。ステンレスなどの熱伝導率の低い（すなわち熱が伝わりにくい）材料では、熱が逃げないためとくに高温になりやすい傾向があります。

この熱の悪い影響として、以下の3点があります。
①工具や工作物に熱膨張が起こり、加工精度が悪化する
②工具の硬さが下がり、工具寿命が短くなる
③熱が工作機械の本体に伝わると、熱によるひずみが発生し、加工精

度に影響する

そのため発熱への対応が行われます。

■ 発熱への対応策

　熱の発生を抑える方策として、工具の回転数や切込み量といった加工条件の最適化のほかに、切削油剤により切削箇所を冷却しています。また工作機械自体も駆動モータや摺動部からの発熱、室温の変化による影響を受けます。そこで、発熱する駆動部を本体から離して設置したり、工作機械本体を対称形の構造にして熱が均等に伝わる設計によりひずみを防いでいます。

　また現場では加工前に慣らし運転を行ったり、昼休みの時間も止めずに空運転することにより、温度を安定させる工夫をしています。

■ びびりと呼ばれる振動

　加工時に工作機械本体や工作物、工具に振動が生じることがあります。こうした振動を「びびり」といいます。このびびりが起こると加工精度が悪化し、工具寿命が短くなったり、刃先が欠けるといった悪影響が生じます。

　びびりは共振によって起こることが多く、加工条件を変えたり、工作物や工具の取付け位置を見直すことで発生を防ぎます。

　また、工作機械のフレームに鋳鉄が使われているのは、この材料のすぐれた振動吸収特性を活かすためです。

第 3 章　削って角形状をつくるフライス加工

切削油剤について

切削油剤の効果

　切削箇所に油をつけることで、潤滑をよくして加工しやすくすることが切削油の当初の狙いでした。やがて高速で加工できるようになると、温度の上昇を防いだり、切りくずを洗い流す効果も求められるようになりました。これを受けて油だけでなく水溶性やさまざまな添加剤を使ったものも販売されたことから、名称は「切削油剤」となっています。
　では、切削油剤の狙いを整理しておきましょう。
（1）潤滑の効果
・潤滑をよくして小さな力で加工できるようにする
・スムーズな切りくずになり、加工精度が上がる
・摩擦が減ることで、工具の寿命を延ばす
・構成刃先を防ぐことができる
（2）冷却の効果
・工作物と工具の熱膨張を防いで、加工精度の悪化を防ぐ
・工具を冷却し、工具寿命を延ばす
（3）洗浄の効果
・切りくずを洗い流して、加工面にきずがつくことを防ぐ
・切りくずが工具に絡まって切れ刃が破損することを防ぐ

切削油剤の種類

　多くの種類が市販されており、油が主成分の「不水溶性切削油剤」と、水が主成分で少量の油を溶かした「水溶性切削油剤」があります。
　潤滑の効果は不水溶性切削油剤が高く、冷却の効果は水溶性潤滑油剤が優れています。高速の切削では冷却の優先度が高いので、水溶性

切削油剤が広く使われています。不水溶性を比べて水溶性切前油剤は、安全性と作業性にすぐれる反面、細菌による腐敗や劣化があるために交替頻度が多く、また水と同じ性質なので加工後はふき取って錆を防ぐ必要があります。

切削油剤の供給方法

　切削油剤は工作機械に取り付けられたホースから小型ポンプによって切削箇所に流します。このホースは軟らかくフレキシブルなので、手で自由に向きを合わせることができ、流した切削油剤は工作機械の自動循環機能により使い回します。

　また長い穴をあけるドリルの場合は、穴の内部には届きにくいので、ドリルの中心に穴があいた「ガンドリル」が市販されており、穴の先端から切削油剤を直接供給します。

ドライ加工

　もし切削油剤を使わずに加工できるならば、コストもかからずメンテナンスも不要で効果的です。そこで、切削油剤をまったく使わないドライ加工や、切削油剤を霧状（ミスト）にすることにより、少量で加工できるセミドライ加工があります。

　工作物が鋳鉄である場合には、材料の特性上削りやすいため、一般的には切削油剤は使用しませんが、昨今は高速切削できるようになり、工具の発熱を抑えるために使用するケースもあります。ただし鋳鉄の切りくずは粉末状なので、切削油剤と混ざってヘドロ状態になるため、現場では総合的に切削油剤の使用可否を判断しています。

第3章 削って角形状をつくるフライス加工

図面の意図を読む

深さ方向の隅部半径R寸法指示

　第2章の旋盤加工で紹介したとおり、エンドミル先端の半径R寸法がそのまま工作物に転写されるので、とくに制約がなければ、できるだけ半径R寸法を大きく取って数値に「以下」をつけることで、加工者が工具を選択できる範囲を広げます。

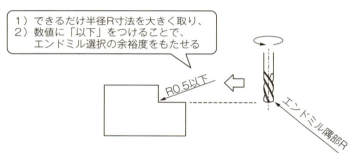

1）できるだけ半径R寸法を大きく取り、
2）数値に「以下」をつけることで、
　　エンドミル選択の余裕度をもたせる

図3.12　半径R指示

面方向の隅部半径R寸法指示

　搬送治具などの設計で、中央部をポケット形状に掘り込むことはよく行われます。通常はエンドミルで加工するので、四隅にはエンドミルの半径R形状がつきます。加工効率と加工精度を考慮すれば、直径の大きいエンドミルを使うことが有効です。
　そこで前項と同じように、半径R寸法はできるだけ大きくすることと、数値に「以下」をつけることがコツです（図3.13）。

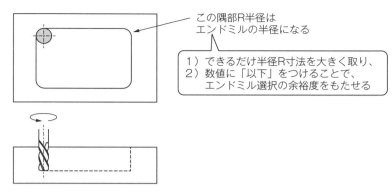

図3.13　ポケット形状の半径R指示

四隅に半径Rをつけてはいけない場合

ポケット形状の四隅に半径Rをつけられない場合には、逃げ加工を行います。この逃げ加工も機能的に難しければ、最後の手段として第7章で紹介する放電加工を行います。

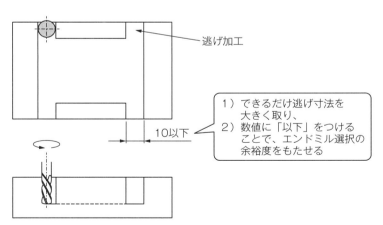

図3.14　ポケット形状の半径R指示―2

直角度を確保しやすい逃げ加工

　直角度がほしい形状において、エンドミルの直径に対して加工深さが深いと加工の反力でエンドミルが逃げてしまい、直角度公差への対応は難しくなります。そうした際には、直角度が必要な深さを再考し、必要のない面は「逃げ加工」を行います。これにより加工精度の向上と加工のしやすさを狙います。

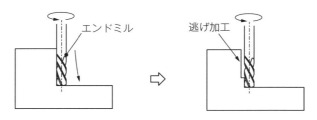

＊ 加工反力でエンドミルが逃げてしまい、直角度の確保が難しい

＊ 段付き構造にして、加工反力を低減する

図3.15　直角度を確保しやすい形状

第4章

ボール盤による穴あけ加工

第 4 章 ボール盤による穴あけ加工

穴あけ加工の特徴

何のために穴をあけるのか

穴をあける目的を箇条書きすると、
① 固定のための「ねじ穴」
② 軸との「はめあい穴」
③ 他の部品との干渉を避けるための「逃げ穴」
④ その他（旋盤のセンタ穴など）

この中でもっとも多いのは、①のねじ固定の穴です。身の周りの製品は複数の部品でできています。またこれらの製品をつくる生産設備も多くの部品で構成されており、これらの部品同士を固定する方法として、何度でも脱着できるねじ固定が広く採用されています。

ねじ固定は片方の部品にらせん状のねじ加工を行い、もう片方には貫通穴をあけてボルトで締め込むか、もしくは両方の部品に貫通穴をあけて、ボルトとナットで締め込みます。どちらの方法も穴加工を行います。

穴あけ加工の事例

穴あけ加工の種類を大きく分類すると、穴あけ加工、座ぐり加工、深座ぐり加工、ねじ加工になります。では、順に見ていきましょう。
（1）穴あけ加工

基本となる加工で、工作物の上から下まで貫通する穴を「貫通穴」や「通し穴」といいます。また、途中で止まる穴を「止まり穴」、ドリルを使って加工する穴を「きり穴」といいます（詳細は105ページ参照）。穴形状には、まっすぐな「ストレート穴」と、徐々に直径が変わる「テーパ穴」があります。テーパ穴は、位置決め用のテーパピンの挿入穴などに使用します。

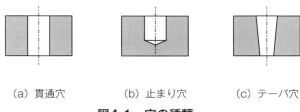

(a) 貫通穴　　　(b) 止まり穴　　　(c) テーパ穴

図4.1　穴の種類

(2) 座ぐり加工

　座ぐりは、ドリルで穴あけした後に、ドリルよりも大きな直径で深さ1mm程度の加工したものをいいます。この座ぐり加工の目的は、ねじを締め付ける面をなめらかにすることです。第6章で紹介する鋳物などは表面がザラザラしているので、ねじ固定してもすぐにゆるんでしまいます。その対策として座ぐり加工を行うことで、なめらかな面に仕上げます。

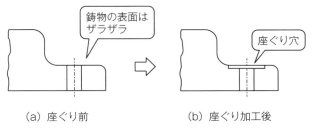

(a) 座ぐり前　　　　　　(b) 座ぐり加工後

図4.2　座ぐり加工

(3) 深座ぐり加工

　（2）の座ぐりよりも深く加工したものが「深座ぐり」で、ボルトの頭部を沈み込ますための穴です。ボルトの頭部とは、ねじを締め付けるための六角レンチやドライバを差し込む部分をいいます。通常はボルトを締めたあとは部品の表面からこの頭部が出ています。これが

ジャマなときに深座ぐりをすることで、頭部を沈めることができます。通常は頭部の大きい「六角穴付きボルト」が対象になります。

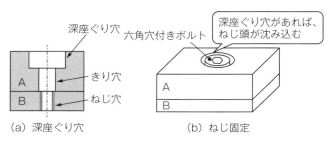

(a) 深座ぐり穴　　　　(b) ねじ固定

図4.3　深座ぐり加工

(4) ねじ加工

　ねじを加工する手順は、まずドリルで穴あけ加工を行い、次にタップでらせん状のねじを加工します。呼称が少しややこしいのですが、ねじ加工する際の穴は「下穴」と呼び、ねじを加工することを「ねじを切る」や「ねじ切り」といいます。

　ねじにはいくつかの種類があり、もっともよく使われるねじは「M4」のようにM記号で表示される「一般用メートルねじ」です。これ以外には、管継手に使用する「管用テーパねじ」などがあります。

(5) C面取り加工

　穴加工やねじ加工を行うと、両面にバリが発生します。このバリはC面取り加工で除去します。C面取りとは角を45°に削ることをいいます。面取り用の専用工具もありますが、穴あけよりも大きめのドリルを使うこともよく行います。

第 4 章 ボール盤による穴あけ加工

ボール盤の種類と構造

穴あけ加工できる工作機械

　穴あけ加工ができる工作機械には、旋盤、フライス盤、マシニングセンタがありますが、筆頭にあがるのはボール盤です。加工精度は劣るものの、安価で省スペース、そして基本を学べば比較的に容易に操作できるのが大きな特徴です。

ボール盤の種類と構造

　ボール盤には、卓上ボール盤、直立ボール盤、ラジアルボール盤があります。卓上ボール盤と直立ボール盤はほぼ同じ構造です。

　ここでは、一般に普及している卓上ボール盤の構造を紹介します（図4.4のa図）。上部の主軸部にモータが収納されており、プーリとベルトを介して主軸に回転を伝えます。プーリは多段で、手でベルトを掛け換えることにより、回転数の調整を行います。主軸に取り付けた工具は、加工者がハンドルを回すことで「上下動」する構造です。この上下動のスピードすなわち工具の「送り速度」は、ハンドルを回す手の感覚で決まります。

　工作物は下部のテーブルに固定します。テーブルは「上下」と「旋回」方向に位置調整ができる構造になっており、工具との位置合わせが完了したら固定します。

　一方、ラジアルボール盤は上部の主軸部自体が上下動、旋回、左右方向に移動が可能です（同b図）。すなわち工作物は固定して、工具を移動させることで位置を合わせます。そのため重量のある大きな工作物の加工に適しています。

〈卓上ボール盤の特徴〉
● 工具は回転・上下移動
● 工作物は固定

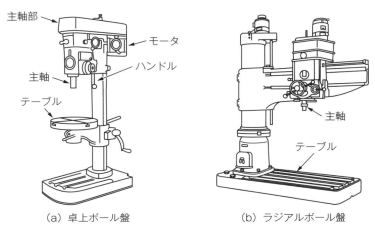

（a）卓上ボール盤　　　（b）ラジアルボール盤
図4.4　卓上ボール盤とラジアルボール盤

穴あけ加工の原理と３つの加工条件

　加工条件は工具の「回転数」と「切込み量」、そして「送り速度」です。ボール盤の加工精度は、直径精度は「±0.1mm」、位置精度は「±0.3mm」、表面粗さは算術平均粗さで「〜Ra6.3（旧記号で▽▽）」が目安です。
（1）工具の回転数
　ボール盤も旋盤やフライス盤と同じく、工具の直径が小さくなると、切削速度は遅くなるため、回転数を高める必要があります。
（2）工具の切込み量
　切込み量は、ドリルの直径で決まります。穴径が大きな場合には切込み量が大きくなるので、小さな直径のドリルから順に何回かに分けて加工します。

(3) 工具の送り速度

 一般的な送り速度の単位は、mm/分（1分間に送る量）ですが、卓上ボール盤では工具の上下動はハンドルの回転で行うため、手の感覚でしかありません。そのため速度の数値化は困難です。

〈ボール盤の穴あけ加工の3条件〉
1) 回転数
2) 切込み量
3) 送り速度

● 切込み量はドリル径
● 送り速度は、加工者による手作業

加工形状	加工精度	表面粗さ
穴あけ	低 （～±0.1）	▽Ra6.3 （～▽▽）

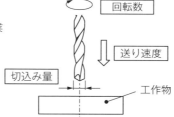

図4.5　穴あけ加工の3条件

工作物の固定方法

(1) バイスで固定する方法

 角形状および丸形状の工作物は、バイス（万力）を使用して固定します（第3章の図3.4のa図）。ボール盤では工具に合わせて工作物を動かすので、バイスはテーブルの上に置くだけで固定しないのが一般的です。

 貫通穴をあける場合には、工具の先端でバイスにきずがつかないように、フライス盤でも紹介したパラレルブロックをはさんで工作物を浮かしたり（第3章の同b図）、木片やアルミニウムといった軟らかい材料を工作物の下に敷いて加工します。

（2）クランプで固定する方法

　工作物が大きい場合はバイスでは固定できないので、フライス盤の固定方法と同じように、クランプを使ってテーブルに直接固定します（第3章の図3.5）。

（3）シャコ万力で固定する方法

　工作物が板金（薄板）の場合には、バイスで固定することができません。口金を閉じると板金は曲がって逃げてしまうからです。またクランプでは固定しにくいため、シャコ万力を使って直接テーブルに固定します。シャコ万力はC型形状の万力で、一般的には「シャコ万」といいます。

　工具の位置に合わせて固定した後の微妙な位置合わせは、テーブル自体を旋回させることで合わせ込みます。

　ボール盤の作業でもっとも危険といわれるのがこの板金の穴あけです。工作物が薄いので簡単に穴があくと思いがちですが、予想以上の回転力がかかります。万一シャコ万を使わずに手で直接押さえていると板金が回転してしまい、薄いので刃物と同じ凶器となって大けがにつながります。そのために板金はシャコ万での固定が必須となります。

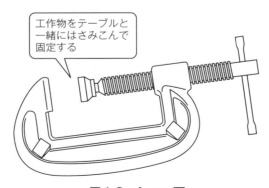

図4.6　シャコ万

第 4 章 ボール盤による穴あけ加工

ボール盤に使用する工具

穴あけを代表するドリル

（1）ドリルの構造

　ドリルは、主軸部に固定するためのシャンクとらせん状の溝、切れ刃で構成されています。なぜらせん状の溝が必要なのでしょうか。工具に求められる機能は、切れ味と同時に切りくず排出の良さです。どれほど切れ味が良くても、切りくずがうまく排出されなければ、加工効率が落ちるだけではなく、切りくずで工作物をきずつけたり、工具の損傷にもつながります。ドリルのらせん溝は、この切りくずの排出のために設けられています。らせん溝のエッジは鋭利ですが、切れ刃ではなくガイドの役目を果たしています。

　先端の切れ刃角度は118°で、材質は高速度工具鋼（現場ではハイスといいます）や超硬合金が使われています。

図4.7　ドリルの種類と名称

(2) ストレートドリルとテーパドリル

ここでいうストレートとテーパは刃の形状ではなく、ドリルをチャックするシャンクの形状を意味します（図4.7）。

φ13mmまでのドリルはシャンクが平行なストレートドリルですが、φ13mmを超えるドリルはシャンクがテーパ形状のテーパドリルになります。これはドリルの直径が大きくなるほど回転力も大きくなり、ドリルを固定しているチャックがすべるおそれがあるためです。そのためにテーパシャンクですべりを防止しています。

卓上ボール盤はストレートドリル対応なのでφ13mmまで使用可能です。φ13mmを超えるドリルは、使用するボール盤が限定され、直立ボール盤やラジアルボール盤での加工になります。

一般にドリルの最大径がφ13mmといわれるのは、以上の理由からです。

ドリルの位置を決めるセンタドリルとポンチ

ドリルで穴あけする際には、ドリルの先端を誘導するための小穴が必要です。ドリルの先端を拡大してみると、厳密には最先端は切れ刃ではありません。そのために誘導の小穴がなければ、ドリルが工作物に接触した瞬間にぶれてしまいます。

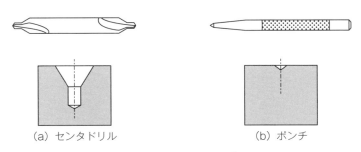

　　（a）センタドリル　　　　　　　（b）ポンチ

図4.8　センタドリルとポンチ

この誘導の小穴をあけるには2つの方法があります。1つはセンタドリルを使ってセンタ穴をあける方法（図4.8のa図）、もう1つはポンチを使う方法です（同b図）。ポンチは先端がとがったペン形状の工具で、ハンマで軽く打つことにより工作物にくぼみをつけます。卓上ボール盤では、このポンチを使うのが一般的です。

高精度の穴を加工するリーマ

　はめあいによく使われるH7公差といった高精度の穴加工を行う場合や、穴の内面をなめらかにしたい場合にリーマを使用します。はじめにドリルで穴加工してから（これを下穴という）、リーマで仕上げます。リーマの切れ刃は側面だけです。リーマ加工のことを現場では「リーマを通す」と呼んでいます。リーマはボール盤に取り付けて加工する場合と、ハンドルをつけて手作業で加工する場合があります。

　また位置決めを行う際にもリーマ穴が便利です。たとえば、ねじ固定した2つの部品を同時にリーマ穴加工し、ここにピンを差し込みます。これにより部品の位置ずれを防ぐと共に、メンテナンスなどで分解しても、再度ピンを差し込むことで、前回と同じ位置を再現できます。リーマの切れ刃はストレート形状とテーパ形状のものが市販されています。材質はドリルと同じく高速度工具鋼や超硬合金が使われています。

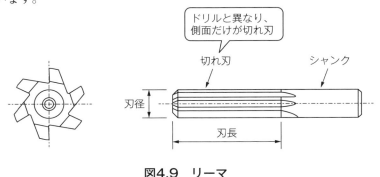

図4.9　リーマ

座ぐりを行う座ぐりドリル

座ぐりや深座ぐりの加工には「座ぐりドリル」を使用し、皿小ねじの頭部を沈める加工には「皿もみドリル」を使用します。どちらもドリルで加工した後に行います。

現場では座ぐりドリルの代わりに、エンドミルもよく使われます。また下穴と座ぐり加工を同時に行う一体物の専用ドリルも市販されています。これは工具を交換する手間と時間を省くことが狙いです。

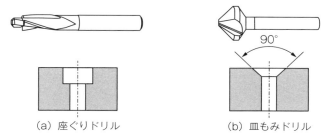

(a) 座ぐりドリル　　　(b) 皿もみドリル

図4.10　座ぐりドリルと皿もみドリル

ねじを加工するタップ

めねじを加工するにはタップを使用します。ねじの内径寸法に合わせてドリルで下穴をあけたあとに、タップハンドルに固定したタップを手で回しながらねじ込むことで、穴の内径にらせん状のねじを切ります。タップは切込み量の違いにより1番タップ、2番タップ、3番タップの3種類あり、1番タップから順に加工します（図4.11）。

タップの先端数mmは食いつき部なので、止まり穴にねじ加工するときには下穴は深めに加工する必要があります。必要な深さ寸法は112ページで紹介します。

タップ加工では切りくずが詰まりやすいので、小まめに逆回転させ

て切りくずを排出します。とくにМ３以下のねじ加工は、切削の抵抗でタップが折れやすいので注意が必要です。万が一折れてしまうと、タップの先端が工作物に残るので除去が大変です。通常は潤滑剤を塗布して、タップ切断面のわずかな凹凸にマイナスドライバーの先端をひっかけて、軽くハンマでたたきながら回転させてはずします。運悪く切断面に凹凸がない場合には、折れたタップに放電加工（第７章で解説）で穴をあけるなど大きな手間がかかります。

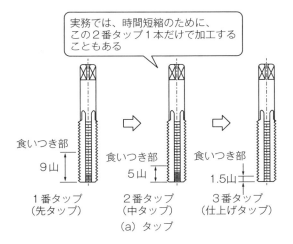

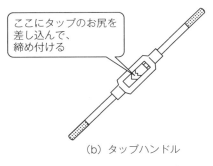

図4.11　タップ

加工位置に印をつけるけがき作業

　穴加工の位置は工作物の表面に十文字にきずをつけ、その交点に加工します。線引きの工具には、けがき針、トースカン、ハイトゲージがあります。どれも先端が尖っており、ハイス鋼などの硬くて摩耗しにくい材質を使っています。

　けがき針は定規をあてて直線を引きます。トースカンは、台座に立てた支柱にけがき針を取り付けたもので、上下や角度の調整が簡単にでき、床に平行に線を引きます。けがき針の代わりに鉛筆を取り付けることで、木工細工の線引きにも使われています。ハイトゲージは工作物の高さを測定する測定器ですが、トースカンと同じように、水平の線を引くことができます。第9章でも紹介します。

図4.12　けがき針とトースカン

第 4 章　ボール盤による穴あけ加工

図面の意図を読む

ドリルで加工する穴は「きり穴」指示

　図面は形状や寸法などの情報を表したものですが、使用する工具は加工者に一任しています。しかし工具を設計者が図面に指示する特例があり、その1つが「きり穴」といわれるドリルを使った穴あけ加工です。きり穴の数値は穴径ではなく、使用するドリルの直径を指示しています。たとえば「5キリ」という指示は「直径5.0mmのドリルを使って穴をあけてください」という意味です（図4.13のa図）。

　したがって、加工後の寸法を保証する必要はありません。材料や加工条件によりますが、通常はドリル径に対して0.1mm前後大きくなります。このように直径記号φ表示ではなくきり穴指示にするのは、寸法精度や表面粗さは落ちても安く加工したい場合で、ねじ固定用の穴にもっともよく使われています。卓上ボール盤用のドリルの最大径は13mmなので、13キリが最大寸法になります。

　一方、加工精度が必要な場合は、直径記号φ表示で指示します（同b図）。

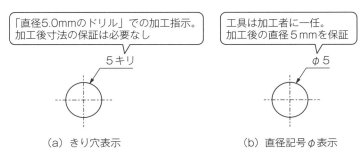

図4.13　きり穴表示と直径記号φ表示

きり穴のドリル先端は118°

ドリルの先端は118°なので、止まり穴の場合にはこの先端形状が工作物にそのまま移ります。図面では簡便的に120°で描かれます。一方、フライス盤のエンドミルで穴加工したときには先端は平らになります。

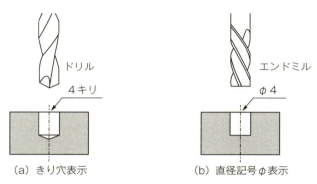

図4.14　止まり穴の表示

穴の深さは直径の5倍まで

穴加工の際に穴が深いと、次のような課題が発生します。
①ドリルが特殊仕様のロングドリルになる
②ドリルが反ってしまい、まっすぐにあけることが難しい
③加工中にドリルが折れるリスクが増える

したがって、穴の深さは直径の5倍以下を目安とします。5倍以上の場合、構造上可能であれば太めのドリルで逃げ加工を行うとラクに加工ができます（図4.15）。

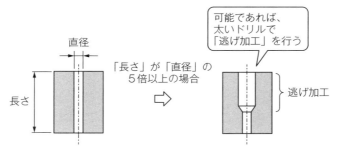

図4.15　穴の逃げ加工

きり穴の位置精度はゆるい

　すでに紹介したように、きり穴の加工手順は、ケガキの交点にポンチでくぼみ凹をつけてから、ドリルで穴あけを行います。そのため手作業によるケガキ線の位置ずれとポンチの位置ずれが、そのままきり穴の位置精度に影響します。そのためきり穴の位置精度は、基準面からの位置精度やピッチ公差の目安は±0.3mmです。これより厳しい公差は困難です。

　位置精度が必要な場合は、直径φ表示を行うことで、フライス盤やマシニングセンタで加工します。

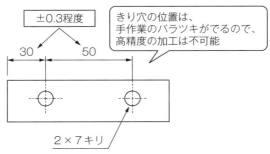

図4.16　きり穴のピッチ精度

穴やねじは平面に加工する

　斜面への穴加工やねじ加工は避けます。斜面に真上からポンチを打つと、先端が斜面に沿ってずれてしまいます。このずれを防ぐためにポンチを斜面に直角に打ってしまいがちですが、するとドリル加工の際に、ドリルはポンチ穴に沿うために斜めに曲がってしまいます。

　こうした理由から、斜面は避けて平面に加工する設計を行います。やむを得ない場合には、先に穴加工をしてから斜面の加工を行います。しかしこの方法は穴が深くなるので加工性は悪くなります。

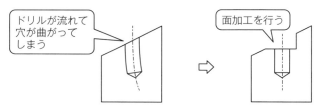

図4.17　斜面への加工は避ける

側面近くで穴加工するときの寸法

　穴加工の際に穴と側面までの寸法（肉厚）が狭いと、加工の抵抗が少ないのでドリルが曲がりやすくなります。これを防ぐために一定の寸法を確保します。きり穴の場合とＨ７のような高精度穴を加工する場合に、最低確保したい寸法の目安をまとめました（図4.18）。

　やむを得ずこの寸法よりも狭くなる場合には、穴加工したあとに側壁を切削加工することになります。

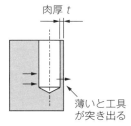

（単位：mm）

穴の直径	肉厚 t（最低寸法）	
	キリ穴	精度穴
5未満	1	1.5
5以上　25未満	1	2
25以上　50未満	2	3
50以上	3	4

図4.18　側面までの最低寸法

はめあい公差は穴基準

　穴と軸のはめあいには、穴に対して軸が細い「すきまばめ」と、その逆に穴に対して軸が太い「しまりばめ（圧入）」があります。精度の厳しいはめあい公差には「はめあい記号」を使用します。このとき、穴径公差は同一で、軸径公差を変えています。たとえば、
すきまばめ：穴径公差H7、軸径公差g6
しまりばめ：穴径公差H7、軸径公差r6

　この理由は、加工法を見れば一目瞭然です。穴径はリーマ加工で仕上げるので、工具の精度で決まります。一方、軸は旋盤で切削するので寸法公差の変更は容易なわけです。現場で保有する工具の種類はできる限り少ない方が好ましいので、穴基準に統一しています。

圧入ピンの下穴は貫通させる

　ピンでしまりばめで圧入するときは、ピンの下穴を貫通させるのが理想です（図4.19）。これは、ピンを挿入するときに穴の中の空気を逃がすためです。もうひとつの理由は、ピンを抜く必要が生じたときに反対側の穴から棒を差し込むことで、ピンにきずをつけずに簡単に抜くことができるためです。

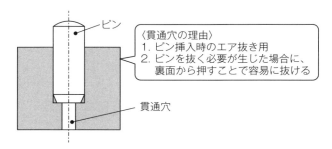

図4.19　圧入ピンの貫通穴

はめあいの半径RとC面取りとの寸法関係

穴と軸のはめあいにおいて、軸が段付き形状の場合には、段付き部には旋盤のバイトの先端半径Rがつくので、穴の入り口にはこの半径寸法以上のC面取りをつけます。

すなわち「軸の半径R寸法 ＜ 穴のC面取り寸法」となります。

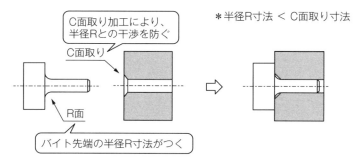

図4.20　はめあいのRとCの寸法関係

M4以上のねじサイズを選択する

Ｍ３ねじの設計はできる限り避けます。タップが折れるリスクが高いことと、ねじ山がつぶれやすいためです。市販のボルトは合金鋼で

硬いため、とくにアルミニウムやプラスチックなどの軟らかな材料のねじで脱着を繰り返すと、ねじ山は簡単に壊れてしまいます。こうしたトラブルを避けるためには、M4以上のねじで設計するか、M3ねじをやむなく使う場合はインサートねじと呼ばれるねじ形状の鉄鋼部材を埋め込んで使用します。

ねじ深さは何mm必要か

　ねじは何mmの長さが必要でしょうか。簡単に判断できる基準はナットの厚みです。そこで市販ナットの厚み寸法を見てみると、おおよそねじ径の寸法と同じになっていることがわかります。これは1つの目安になるでしょう。M3なら3mm以上、M6なら6mm以上です。
　なお、力のかからないカバーなどは、4ピッチでも可能です。

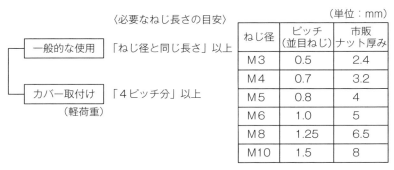

図4.21　必要なねじ深さ

深座ぐりの参考寸法

　六角穴付きボルトの頭を埋め込むための深座ぐりの直径と深さは、毎回検討するのではなく、事前に決めておくと設計も加工現場も便利です。きり穴のドリル径も一緒に目安を紹介します（図4.22）。

ねじ径		M3	M4	M5	M6	M8	M10
使用ドリル径		4	5	6	7	10	12
深座ぐり	深座ぐり径	6.5	8	9.5	11	15	18
	深座ぐり深さ	3.5	4.5	5.5	6.5	8.5	11

図4.22 深座ぐりの参考寸法

ねじの下穴の参考寸法

　ねじを加工する際の、下穴をあけるドリル径と下穴深さの目安を紹介します。有効なじ長さに対して下穴は長めにあけなければなりません。それはタップの先端は食いつき部なので、この長さを余分に見なければならないからです。

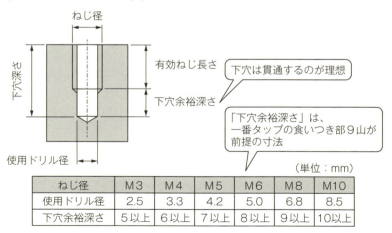

ねじ径	M3	M4	M5	M6	M8	M10
使用ドリル径	2.5	3.3	4.2	5.0	6.8	8.5
下穴余裕深さ	5以上	6以上	7以上	8以上	9以上	10以上

図4.23 ねじの参考寸法

第 5 章

砥石で仕上げる研削加工

第 5 章 砥石で仕上げる研削加工

細かく削る研削加工

研削加工とは

　小学校の図工で紙やすりを使った経験があるでしょう。たとえば木片の荒れた面を紙やすりでこすることで、手触りのよいなめらかな面に整えます。紙やすりの表面には小さな凸が無数にあり、これが切れ刃になっています。切りくずは口で吹くと舞い上がるほど細かい粉状です。何mmも削ることには向きませんが、表面をなめらかにするには最適な方法です。

　紙やすりでは、加工が安定しないうえにすぐに摩耗してしまうので、現場では研削盤などの工作機械を使って砥石を高速回転させて効率よく加工します。これが研削加工です。

研削加工の特徴

　砥石を工作物に当てて不要な箇所を削り取るので、研削加工も切削加工の一種です。細かくきわめて硬い砥粒で少しずつ削るので、
①非常になめらかな面に仕上げられる
②寸法精度も高いレベルで仕上げることができる
③超硬合金や焼入れを行った硬い工作物でも加工が可能
④その反面、加工には時間を要する
　したがって研削加工は、旋盤加工やフライス加工、また熱処理を行ったあとの仕上げ加工に使われます。

大分類は研削と研磨

　研削加工の全体像を把握するうえで、大きく3つの分類が理解しやすいでしょう。それは、「一般的な研削加工」と「さらに高精度な研削加工」、そして砥石ではなく「砥粒を粒子の状態で使う研削加工」

の3つです。

　一般的な研削加工は、研削盤で砥石を高速回転させて削ります。さらに高精度な研削加工は、特殊な加工となり「ホーニング」や「超仕上げ」があります。3つめの砥粒を使う研削加工は、通常研磨と呼ばれており、「バレル研磨」や「バフ研磨」「ラッピング」があります。

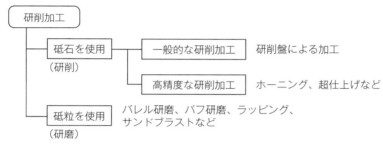

図5.1　研削加工の大分類

研削加工の原理

　切削加工と研削加工の比較を図5.2に示します。工具の「すくい角」が切削加工と研削加工とでは逆向きになることで大きな摩擦が生じますが、砥粒の鋭い角で高速で削り取っています。

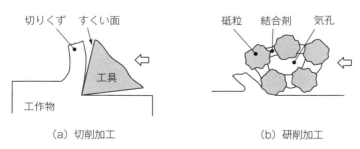

図5.2　切削加工と研削加工の比較

バイトやエンドミルでは切れ刃が摩耗すると切削できなくなりますが、砥粒は摩耗して削りにくくなると、反力により砥粒が自然に脱落して内側の砥粒が現れることで、常に新しい切れ刃で加工できることが大きな特徴です。この現象を「切れ刃の自生作用」といいます。

研削加工の種類

　一般的な研削加工は「平面研削」「円筒研削」「内面研削」の3種類に分かれます。平面研削盤は工作物を平坦に加工し、円筒研削盤は丸形状の外周の加工を、内面研削盤は穴の内面を仕上げます。

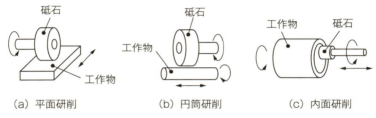

(a) 平面研削　　　(b) 円筒研削　　　(c) 内面研削

図5.3　研削加工の種類

平面研削盤の種類と構造

　平面研削盤は平面を加工するための工作機械で、砥石の円周面で加工する横軸平面研削盤（図5.4のa図とc図）と、砥石の平面部で加工する立て軸平面研削盤（同b図）があります。

　横軸平面研削盤は上部の主軸部と下部のテーブル部で構成されています。主軸部の砥石は「回転」と「上下動」、工作物を固定したテーブルは「前後・左右」できる構造になっており、「上下動」と「前後・左右」は自動で動かすことができます。加工形状は全面加工だけでなく、段付き形状の研削加工も可能です。

　立て軸平面研削盤は、軸が垂直方向の構造になっています。砥石の

平面部を使って工作物の全面を研削します。砥石の接触面積が大きく加工効率に優れているので、大量生産に向いています。

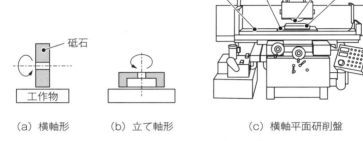

〈平面研削盤加工の特徴〉
- ●工具は回転・上下移動
- ●工作物は前後・左右移動

（a）横軸形　（b）立て軸形　（c）横軸平面研削盤

図5.4　横軸平面研削盤の構造

平面研削盤での工作物の固定方法

（1）マグネットチャックを用いる方法

　マグネットチャックは磁力で工作物を保持する構造になっています（図5.4のc図）。バイス（万力）のように機械的な力を加えないので、工作物の変形を防ぐことができ、高精度の加工に適しています。磁力は永久磁石を用いるタイプと、電磁石を用いるタイプがあります。磁力を使うので工作物は磁性体しか使えません。

（2）バイスを用いる方法

　磁性のないアルミニウムや銅材料などはマグネットチャックが使用できないので、フライス盤やボール盤でも使用するバイスを用いて保持します（第3章の図3.4参照）。

円筒研削盤の構造と工作物の固定

　丸形状の外周を研削加工する円筒研削盤は、旋盤の構造に似ています（図5.5のa図）。工作物の左側をチャッキングして、右端面を心押しセンタで支えて、回転する工作物に砥石を接触させて加工します。また砥石の側面を接触させることで端面加工もでき、砥石を傾けたりテーパ形状の砥石を用いることで、テーパ加工も可能です。

　工作物の固定は、旋盤と同じように三つ爪チャックや、直径の小さな工作物にはコレクトチャックを用いる方法と、左端面もセンタで支えて工作物に取りつけたケレと呼ぶ回転具で回転させる方法があります。旋盤加工よりも高精度の加工が求められるので、工作物のたわみを防止するために右端面を支える心押し台を常に使用します。

心なし研削盤の構造と工作物の固定

　細いピンやパイプの外図を研削する場合は、両端の固定が困難です。その場合には心なし研削盤を使用します。センターレス研削盤ともいい、工作物を固定せずに、砥石と調整車と支持刃で支えて外周を研削します（図5.5のb図）。

　その特徴は次のとおりです。
①工作物にセンタ穴をあける必要がない
②工作物の取付け、取出しが容易で作業性に優れる
③工作物の全長を保持するので、細長い形状でも容易である
④研削盤の操作も容易である
⑤ただし、段付き形状の加工は難しい

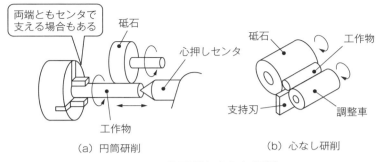

図5.5　円筒研削と心なし研削

内面研削盤の構造と工作物の固定

　穴の内面を仕上げるのには内面研削盤を使用します。この内面研削盤には、工作物と砥石をそれぞれ回転させる「普通形」と、工作物が大きく回転させることが困難な場合に、工作物は固定して砥石を回転と公転をさせる「プラネタリ形」があります。砥石の形状を変えることで、テーパ形状の穴や段付き穴の加工も可能です。

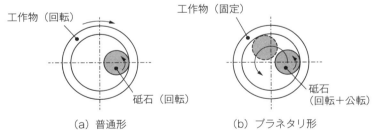

図5.6　内面研削

研削砥石の種類

用途に応じて、さまざまな形状の砥石が市販されています。

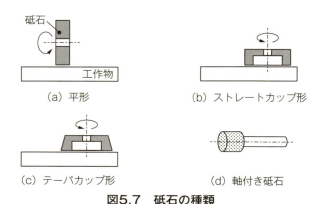

図5.7　砥石の種類

研削砥石の構造

　研削に用いる砥石は、「砥粒」と「結合剤」と「気孔」で成り立っています（図5.2のb図）。砥粒の鋭い角が切れ刃になり、結合剤で砥粒を保持します。気孔は砥粒と結合剤の間にあるすき間で、切りくずの排出を助けると同時に発熱を抑える役割を果たします。

　切れ刃である砥粒の材質は、主にアルミナ材や炭化ケイ素材が使われています。アルミナはファインセラミックスの代表的な種類で、硬度や耐熱性、また化学的な安定性に優れた材料です。

　砥粒の大きさは「粒度」で表します。砥粒をふるい分けしたときの1インチ当たり（1インチ≒25.4mm）のふるいの目の数で表示します。たとえば粒度30番とは、1インチ当たり30目のふるいを通過して次の細かい目数のふるいは通過しないものです。すなわち粒度の数値が小さいほど砥粒は粗く、数値が大きいほど砥粒は細かくなります。

砥石の硬さは、砥粒や結合剤の単体の硬さではなく、砥石全体での度合いで表し、これを「結合度」といいます。JIS規格でA～Zまでのアルファベット26段階で定められており、Aがもっとも軟らかく、Zがもっとも硬いことを意味します。

　最後に単位面積当たりの砥粒数を「組織」とよんでおり、この組織もJIS規格で0～14まで定められています。0が最密で小さな気孔を数多く持ち、14がもっとも粗く大きな気孔を持つことを意味します。

　これらは工作物の材質や形状、また求められる仕上げ面のレベルに適した砥石が選定されています。

研削加工の課題

　研削加工における4つの課題について紹介します。

(1) 目こぼれ

　砥粒が必要以上に脱落する現象です。結合度が弱い場合や、研削条件が過酷な場合に発生します。過剰な脱落のために仕上げ面は悪化し、砥石の摩耗が激しくコストが上昇します。

(2) 目つぶれ

　砥粒の切れ刃が摩耗しても脱落しないため、切れ刃が平坦な状態で研削する状態です。切れ味が悪く高温になるため、次ページで紹介する研削焼けにつながります。研削条件に対して結合度が強すぎる場合に発生します。

(3) 目詰まり

　アルミニウムや銅といった軟らかな材料を研削すると、気孔に切りくずが詰まってしまい、砥粒の切れ刃が埋没することで加工不可能になる現象です。

　目つぶれや目詰まりが発生した際には「ダイヤモンドドレッサ」と呼ぶ先端がダイヤモンドの円錐形の工具で、砥石の表面を削って再生させます。

4）研削焼け

　研削加工は発熱が大きいため、仕上げ面が酸化することで変色が起こります。これを研削焼けといい、耐摩耗性が低下するなどの影響があるので、研削条件により防止します。

研削盤の加工条件

　これまで紹介してきた加工条件と基本は同じです。
①工具（砥石）の回転数、②工作物の送り速度、③工具の切込み量になります。①の回転数は砥石の周速度から決まります。③の切込み量は荒研削で0.01〜0.03mm程度、仕上げ研削で0.005mmのレベルになります。

図面の意図を読む（研削加工の図面指示）

　図面で加工法を指示する特例の1つは「きり穴」でした（105ページ参照）。この特例のもう1つが「研削加工の指示」になります。表面粗さ記号に「G」もしくは「研削」と記載されていれば、研削加工を使って指定の表面粗さを出すことを指示しています。

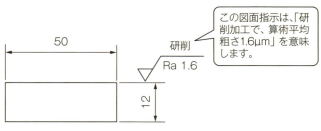

図5.8　研削加工の図面指示

第 5 章 砥石で仕上げる研削加工

さらに高精度な研削加工と研磨

砥石で加工する研削

（1）内面を研削するホーニング

　先に紹介した内面研削よりもさらに精密に仕上げる加工がホーニングです。リーマ加工や内面研削を行ったうえで、このホーニングを行います。シリンダの内面や高精度ギアの穴加工の仕上げに用いられており、表面粗さは算術平均粗さRa0.1〜0.4μmレベルまで仕上げることが可能です。

　角形状の砥石を取り付けたホーンという工具を、ばねなどで穴の内面に圧力をかけながら、回転と同時に往復運動をさせます。そのため加工した内面には網目状の細かい筋（クロスハッチ）が入ります。摺動する部品にホーニングを行うと、この筋に潤滑剤がしみ込むことで、低摩擦、耐摩耗の効果が出ます。砥粒や切りくずの除去、また冷却効果のために大量の切削油剤を使用します。

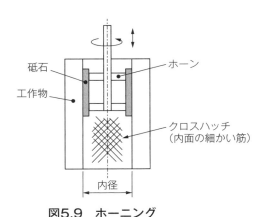

図5.9　ホーニング

（2）丸形状の外周を研削する超仕上げ

円筒研削加工よりもさらになめらかな面や鏡面に仕上げる際に「超仕上げ」を行います。この加工は寸法精度を求めるのではなく、表面粗さの向上が狙いです。事前に円筒研削加工を行ったうえで、この超仕上げを行います。

ホーニングと同じように砥石を用いて研削しますが、違いは砥石が送りに加えて微小な振動をしていることです。この振動が「切れ刃の自生作用」を促すことにより、比較的短時間で効率よく加工することが可能になります。工作機械は、旋盤に超仕上げユニットを取り付けたり、専用の超仕上げ盤を使用します。

砥粒で加工する研磨

砥粒を固めずにそのまま粒子の状態で使う加工を研磨といいます。

（1）バレル研磨

バレルと呼ぶ回転する研磨槽に砥粒と工作物を一緒に投入して、工作物表面の凸を除去します（図5.10のa図）。バレル研磨のメリットは、一度に大量の加工が可能で、複雑な形状でも比較的均等に研磨ができることと、作業者の習熟度を必要としない点です。そのため切削加工後のバリ取りから鏡面仕上げまで広く活用されています。

（2）バフ研磨

バフ研磨剤を塗布した円盤状の布を高速に回転させて工作物に当てることで、光沢に仕上げます（同b図）。硬い砥石と異なり、弾性的な面で磨くことで見た目にもピカピカに仕上がります。布や研磨剤の種類を変えることで、研磨の度合いが変わります。アクセサリーなどの装飾品や小物部品は小型グラインダを用いて手作業で行うことが多く、それ以外は自動研磨機が用いられています。

（3）ラッピング

工作物をラップと呼ぶ定盤にはさみ込み、砥粒と油を混合したラッ

プ剤を入れて、圧力をかけながら双方に相対運動をさせる加工がラッピングで、この工作機械をラップ盤といいます（同c図）。砥粒により微量を削るので、高精度でなめらかな面を得ることができます。ブロックゲージやベアリングの玉、レンズなどはこのラッピングで仕上げられています。

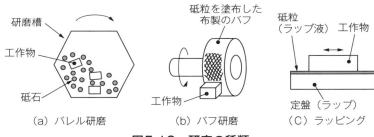

図5.10　研磨の種類

（4）サンドブラスト

　サンドブラストは、細かい砂粒などの研磨剤を圧縮空気で高速に噴射して、工作物の表面を削る加工法です。サンドブラストのsandは砂、blastは突風や爆風の意味です。略して「サンブラ」といいます。バリ取りやさび落とし、塗装はがしなどに使われており、ガラス工芸や墓石の文字入れもこのサンドブラストによるものです。また、砂粒ではなく金属粒を用いた加工を「ショットブラスト」といいます。現在はこの金属粒を使うのが一般的で、サンドブラストとショットブラストは同じ意味で使われています。

　なお、鋼球を衝突させることで加工硬化という工作物の表面が硬くなる現象が起こります。これを活かして耐摩耗性や疲労強度の向上を図る加工法を「ショットピーニング」といいます。

第 5 章　砥石で仕上げる研削加工

基準となる平面をつくる きさげ加工

きさげ加工とは

　限りなく完全に近い平面は、加工や組立の基準になります。平面度と表面粗さの両方が最高レベルにあり、定盤や工作機械の基準面、摺動面がこれにあたります。

　では、この完全な面をいかにしてつくるのでしょうか。これまで紹介した研削加工でも、μm（ミクロン）のレベルには限界があります。そこで行われる仕上げ作業が「きさげ加工」です。これは熟練加工者による手作業で行われます。すなわち機械加工の精度を超えた加工は、人の手によるものなのです。

きさげの加工方法

　工作物の表面に光明丹と呼ばれるオレンジ色の塗料を薄く塗り、定盤もしくは基準となる治具とこすり合わせます。すると凸の個所は塗料がとれて金属の地肌がでて、凹の個所はオレンジ色が残ります。そこで塗料のとれた凸の個所を、スクレーパと呼ばれるノミ状の工具を使って1～3μmずつ削り取っていきます。削っては光明丹で確認して、オレンジ色が全体に広く薄く均等に残るまで何度も繰り返します。

　完成した面を見ると、全面がうろこ状になっており、1インチ（約25mm）角の中のうろこ模様を数えて、この数が多いほど接触面は多いので精密な面になります。工具の切れ刃や力の入れ方、工具の軌跡が作業者ごとに違うので、この違いがうろこの形状にも現れ、見れば現場の誰が加工したものかわかるそうです。

きさげの潤滑効果

　表面のうろこ状の模様の深さは、1～2μmのレベルになります。

このうろこ状のくぼみに潤滑油が入ることで、摺動部のスムーズな動きを促進するとともに摩耗対策に効果があります。

真の平面をつくる三面擦り

真の平面は「三面擦り」という方法でつくります。AとBの2枚できさげ加工したときに、もし両方が完全に同じレベルで反っていると、光明丹が広く均等に残ったとしても平面を確保できていません。そこで3枚目のCを加えることでこの問題を解決します。AとBの次にはBとCをすり合わせ、次にCとAをすり合わせることを何サイクルか繰り返すことでA、B、Cの3枚ともに完全な平面が得られます。

この方法の特徴は、工具や測定器がまったく必要ないことです。包丁を研ぐ砥石の平面出しにもこの三面擦りが使われています。

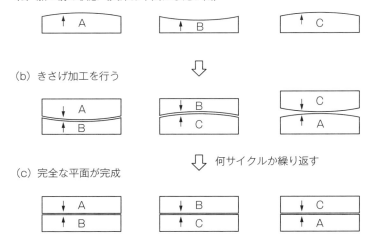

図5.11　三面擦りの方法

COLUMN
工作機械の歴史に触れてみよう

　工作機械は、マザーマシンすなわち母なる機械と呼ばれています。世の中のモノをつくり出す機械の部品は、すべてマザーマシンによってつくられているからです。多くの工作機械の中で旋盤の歴史がもっとも古いと言われており、1500年頃のレオナルド・ダ・ヴィンチのスケッチにも旋盤が描かれているそうです。500年前にこの機械構造が考えられていたことに感銘を受けます。

　当初の旋盤は人力で、工作物にひもを巻き付けて引っ張ることにより工作物を回転させていました。時代と共に動力は水車から蒸気機関へ、そして電動モータに移り変わります。

　昭和初期に目を向けると、個々の工作機械にモータはついていませんでした。ではどうして動かしていたかというと、工場に置かれた1台の大型モータの回転を工場の天井に設置した回転軸にベルトを介して伝え、この回転軸から再びベルトを介して各工作機械に回転が分配されていました。すなわち工作機械1台ごとに天井の回転軸とベルトでつながっていたわけです。

　この工場全体の様子をミニチュア模型で見られるのが、東京の大田区立郷土博物館です。ミニチュアといっても精密につくられているので、当時の臨場感がひしひしと伝わってきます。また東京・九段下の昭和館には、昭和20年に使用していた実物の旋盤が展示されています。70年以上昔のものですが、現在の汎用旋盤と見かけはまったく変わらないことに驚かされます。興味があればぜひ立ち寄ってみてください。

第 6 章

型を使って変形させる成形加工

第 6 章　型を使って変形させる成形加工

型で打ち抜く板金加工

板金に力を加えて変形させる

　材料は力を加えると瞬時に変形しますが、力を取り去ると元に戻ります。これを弾性変形といいます。しかし、一定の力を超えると力を取り去っても変形が残る性質があります。これを塑性変形といい、板金加工はこの塑性変形を利用した加工法です。板金加工の多くはプレス機を使用するので、プレス加工ともいいます。

板金加工の種類と加工事例

　板金加工を大きく4つの分類で見ていきましょう（図6.1）。

（1）切り離す「せん断加工」

　はさみのように2枚の刃ではさみ込んで切断する加工が「せん断加工」です。その中で、金型で打ち抜く加工を「打抜き加工」といい、打抜き形状は丸や角などさまざまです。

（2）L形やU形、Z形に曲げる「曲げ加工」

　板金を曲げる加工です。曲げ形状はL字に曲げたり、さらに折り返してU形やZ形などに変形させることができます。

（3）コップ形状に成形する「深絞り加工」

　平面形状の板金を、コップなどの容器形状に変形する加工です。一枚の板が立体形状になります。

（4）板金にねじ加工する「バーリング加工」

　板金にねじを加工したい場合、その多くは板が薄いために必要なねじ長さを確保できません。そこで下穴にパンチを打ち込むことで、穴の円周部が凹状に伸びて、板厚が疑似的に増えた状態になります。この凹部にねじ加工することをバーリング加工といいます。

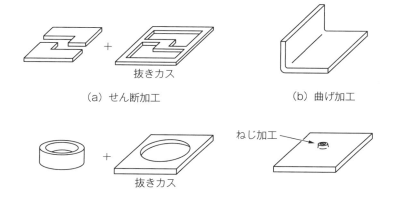

図6.1　板金加工の事例

工具の名称

板金加工の工具はおす型を「パンチ」、めす型を「ダイ」といいます。このパンチとダイを精密にはめあわせるときはダイセットに組み込み、手動もしくはプレス機で上下動させて加工します。

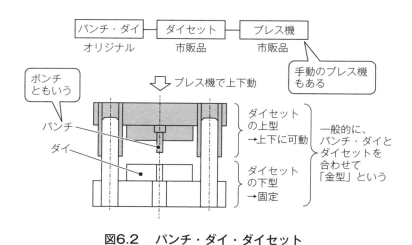

図6.2　パンチ・ダイ・ダイセット

せん断加工とは

せん断はどのように起こるのか、順を追って見てみましょう。
①パンチが下降して、パンチとダイの切れ刃が板金に食い込む
②切れ刃付近が急激に伸ばされ、伸びの限界を超えると双方からき裂が入る
③このき裂がつながりせん断が終了する

せん断加工では必ず「だれ」と「バリ」が発生するので、加工後にバリ取りにより除去します。バリ取りは第9章で解説します。

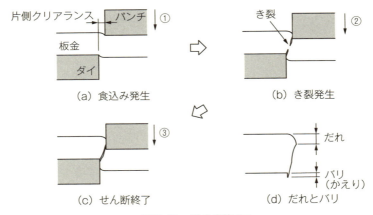

図6.3　せん断加工

パンチとダイのクリアランス

パンチとダイのすき間をクリアランスといいます（図6.3のa図）。このクリアランスの大きさによって、せん断する力の大きさやバリの大小、せん断した面の粗さ、パンチとダイの摩耗度合いが変わってきます。クリアランスの表し方には「両側クリアランス」と「片側クリアランス」の2種類あります。パンチ径がφ9.9mmでダイの穴径がφ

10.0mmとすると、両側クリアランスは0.1mm、片側クリアランスは半分の0.05mmになります。

　クリアランスは板材の厚みに比例して大きくなり、一般的に片側クリアランスは板厚の5～10％で、軟らかい材料は小さめに、硬い材料では大きめに取ります。板厚が2.0mmで片側5％のクリアランスをとると、2.0mm × 0.05 = 0.1mmの片側クリアランスになります。

　また、打ち抜かずに途中で止めて突起凸形状をつける「半抜き」という加工があります。この半抜きの凸部は、丸穴のあいた部品との位置決めなどに使用します。半抜きのクリアランスは、パンチ径をダイの穴径に対して同じかもしくは少し大きめに設定します。

曲げ加工とは

　平坦な板材を曲げると、内側は圧縮され、外側は伸びが発生します（図6.4のa図）。この圧縮と伸びの境い目、すなわち圧縮もせず伸びもしない面を中立面といいます。曲げると中立面より外側は薄く、内側は厚くなるため、曲げが十分にゆるいと中立面は板厚の中間位置にきますが、曲げが厳しくなると中立面は内側に寄ってきます。そのため、曲げる前の寸法を表す「展開長」を算出する際には、中立面を考慮しなければなりません。

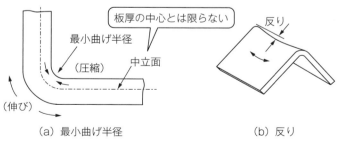

図6.4　曲げ加工

曲げが厳しいと外側の伸びが限界にきてき裂が生じるため、き裂が発生しない限界を最小曲げ半径と呼んでいます。最小曲げ半径は曲げの内面の半径を指し、材質によって変わりますが、板厚と同寸法が1つの目安です。たとえば板厚1.0mmなら最小曲げ半径も1.0mmです。この最小曲げ半径がつくことが許されない場合は、板金加工ではなく第3章のフライス加工を行います。

　また曲げた際の背の部分には反りが生じて、馬のくらのような形になります（同b図）。

変形が少し戻るスプリングバック

　曲げてから力を除くと、ほんの少し戻りが発生します。これを「スプリングバック」といいます。スプリングバックは、硬い材料ほど、曲げる角度が大きいほど、板厚が薄いほど、大きくなります。

　そこで、本来ほしい角度よりも多めに曲げたり、曲げの内側にV字の切込みを入れることで、スプリングバックの影響を抑えます。スプリングバック量を試算するのは困難なので、実際の加工時に調整しながら曲げ加工を行っています。

深絞り加工とは

　平らな板金から容器形状に変形させる深絞り加工は、家電製品から自動車の部品まで幅広く行われています。身近では、ビールのアルミ缶が深絞り加工でつくられています。

　材料を引き延ばすことから、軟らかい材料が用いられます。鉄鋼材料では冷間圧延鋼板のSPCDやSPCE、またアルミニウム材料や真ちゅうが使われます。

　この深絞りの加工には、手作業でハンマを打つ方法や、パンチとダイで成形する方法があります。また円盤状の板金を回転させながら、へらと呼ばれる工具を押し当てて変形させる工法を「へら絞り」とい

います。このへら絞りは「スピニング」とも呼ばれ、高度な技能が要求されます。

バーリング加工とプレスナット

　板金にねじ加工が必要な際に、そのままでは薄くて必要なねじ長さが確保できない場合、その解決策の1つが「バーリング加工」です（図6.5のa図）。第4章の図4.21で紹介したように、ねじ長さは一般的な使用では、ねじ径寸法と同じ長さ以上必要で、カバーなどの力がかからない使用では4ピッチ分以上必要となります。そこで、板金に下穴をあけてから、市販のバーリングパンチを打ち込んで、穴を広げながら凹状に伸ばします。これにタップでねじ加工を行い、必要なねじ長さを確保します。

　しかし、材料が伸ばされることで肉厚が薄くなっている上に、機能するねじ山の信頼性が低いので、これが問題となる場合には他の手段としてナットを溶接するか（第7章図7.10のc図）、もしくはプレスナットを使用します（図6.5のb図）。

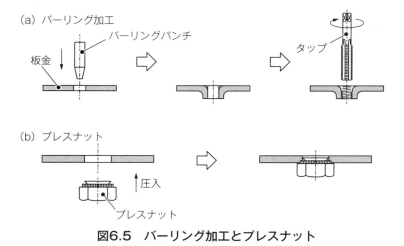

図6.5　バーリング加工とプレスナット

プレス機の種類

　パンチとダイをセットした金型を上下に可動させて、打抜き加工や曲げ加工、深絞り加工を行います。この金型を上下動させる方法を紹介します。

（1）手動のハンドプレスとエキセンプレス

　手動レバーを倒すことでヘッドを上下させるハンドプレスと、回転ハンドルを回すことで上下させるエキセンプレスが現場で広く使われています（図6.6のa図）。ダイセットの上型をヘッドに固定したり、パンチを直接ヘッドに固定して使用します。

（2）自動の機械プレス

　モータの回転運動をクランクにより上下の往復運動に変える構造です。水圧や油圧を用いたプレスよりも機構がシンプルで高速運転が可能なうえ、保守も容易なことが特徴です。

（3）制御可能なサーボプレス

　駆動源にサーボモータを用いることで、金型の上下スピードや停止位置の微妙な調整が容易であり、加工精度の向上やパンチとダイの長寿命化、騒音対策に効果的なプレス機です（同b図）。

（4）タレットパンチプレス（タレパン）

　タレットパンチプレスは、多数の金型工具を装着可能で、プログラムによりテーブルを移動させながら板金を打抜き加工する工作機械です。略して「タレパン」と呼ばれています。

　工具は丸や四角、長方形、楕円など多くの種類とサイズが揃っており、打抜きの形状を問わず共通で使用できる汎用工具です。これらの工具を自動交換しながら、効率よく加工することができます。

曲げ加工機

　曲げ加工には「プレスブレーキ」を使用します。これはベンダーと

も呼ばれ、V溝のダイを固定し、上からパンチを押し込むことで所定の形状に曲げます（図6.7）。

また、穴があいているパイプは普通に曲げると角がつぶれてしまうため「パイプベンダー」を使用します。手作業で曲げるときには、穴に乾燥した砂を詰めて加熱しながら曲げるなどの工夫をします。

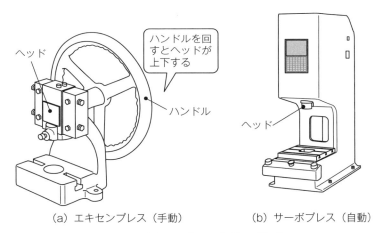

（a）エキセンプレス（手動）　　　（b）サーボプレス（自動）

図6.6　エキセンプレスとサーボプレス

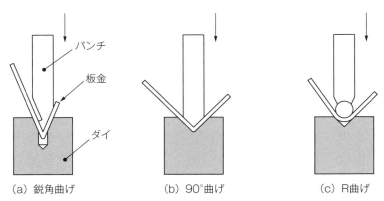

（a）鋭角曲げ　　　　　（b）90°曲げ　　　　　（c）R曲げ

図6.7　プレスブレーキによる曲げ加工

生産ラインの形態

（1）単発型

1つの金型で1種類の加工を行います（図6.8のa図）。材料の投入と取出しは人手で行うため、1人で1台を担当します。これを1人1台持ちといいます。

（2）順送型

1つの金型内に数種類のパンチとダイを等間隔で配置しており、フープ状の材料は自動送りです（同b図）。はじめに送り穴をあけ、必要な抜きや曲げ、絞りを順次行い、最後に製品を切り離して完成させます。プレス機は1台で対応でき加工スピードが早く大量生産に向いています。

一方、材料の使用効率を表す歩留まりは、送り穴のスペースや、等間隔で配置するための不要なスペースが発生して悪くなります。

（3）トランスファ型

上記の単発型の金型を工程順に配列して、プレス機1台で加工を行います（同c図）。順送型と異なり最初に打ち抜いて切り離し、金型内の送り装置で送るため、材料の歩留まりがよくなるのが特徴です。スピードは順送型よりも劣ります。

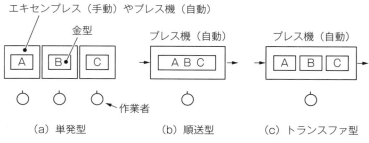

図6.8　生産ラインの形態

図面の意図を読む（最小曲げ半径）

板金を曲げると必ず曲げ半径がつきます。その際の最小の曲げ半径は、板厚が目安です（図6.9のa図）。たとえば2.0mm厚ならば半径Rは2.0mmです。軟らかなアルミや銅板はこれよりも小さくすることができます。またこの半径の値も、加工の許容範囲を広げるために「R2以下」のように「以下」をつけておくことをお勧めします。

図面の意図を読む（曲げによるふくらみ量）

曲げ加工を行うと、内側は圧縮されるためこの圧縮分は側面方向にもふくらみます（図6.9のb図）。たとえば、センサやソレノイドバルブといった部品の取付けに板金を使うことは広く行われており、この板を並べて組み立てるときには、このふくらみ分を考慮したすき間が必要になります。

ふくらみ量は材質や曲げ半径により異なりますが、1つの目安は板厚の15％です。たとえば2.3mmの曲げ板金を2枚並べたいときには、2.3mm×15％×2≒0.7mm以上のすき間が必要になります。

図6.9　最小曲げ半径とふくらみ量

図面の意図を読む（板金の外形公差指示）

板金を各種カバーや部品の取付け板として使用する際には、外形寸法の精度は必要ないのが一般的です。そのため、意図してゆるめの公差で指示しておくと、加工者は気にせず加工できるので有効です。

たとえば長さが400mmのカバーでは、普通公差は±0.5mmになりますが、板金の材料取りは「シャーリングマシン（第9章で紹介）」を使うので、±0.5mmの加工は難しいレベルです。そこで、精度の必要のない外形寸法には、±1mmや±2mmといった許せる範囲で大きめの公差を記載します（図6.10のa図）。

図面の意図を読む（バーリング加工の図面指示）

バーリング加工の指示は、「ねじ寸法」と「バーリング加工の方向」の2つの情報が必要です。図面ではバーリング加工の方向がわかるように記載します。一例を図6.10のb図で紹介します。バーリング部の厚みの指示は不要です。

（a）板金の外形公差指示

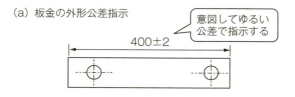

（b）バーリング加工の指示

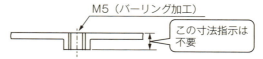

図6.10　板金の図面指示例

第 6 章 型を使って変形させる成形加工

溶かしてつくる鋳造

鋳造の特徴

鋳造は、つくりたい形の空洞を持った型に溶けた金属を流し込み、冷えたら完成です。複雑な形状も一気に成形することができ、材料にムダがなく加工効率のよいことが特徴です。マンホールは鋳造でつくっています。これをすべて切削加工でつくることと比べると、鋳造の優位性は明らかです。

一方、加工精度は劣るため、寸法精度やなめらかな表面粗さが必要な箇所は鋳造後に切削加工で仕上げます。

鋳造法の種類

砂を使った鋳型の鋳造法としては「砂型鋳造法」、さらに精密な鋳造法として寸法精度が高く表面の鋳肌もキレイな「シェルモールド鋳造法」と「ロストワックス鋳造法」があります。また金属の金型を使った鋳造法には「ダイカスト鋳造法」といいます。

ダイカスト鋳造法の型は何度も使い回しができますが、その他の鋳造法の型は製品を取り出すために毎回破壊します。ただどの工法も空洞をつくるための模型は繰り返し使用することができます。

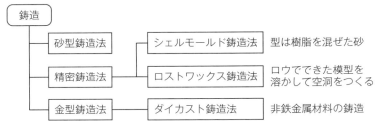

図6.11　鋳造法の種類

鋳造に使用する金属材料

鉄鋼材料はどれでも鋳造に使えるわけではなく、鋳鉄（FCやFCD）を使用します。炭素量が多いことで硬く耐摩耗性も良好なうえに振動の吸収性もよいので、工作機械のテーブルやフレームにも使われています。一般の炭素鋼よりも溶ける温度も低いので、鋳造に適した性質を持っています。またアルミニウム合金も砂型用の合金（AC材）や、後述するダイカスト用の合金（ADC材）を使用します。

砂型鋳造法とは

ほしい形の模型をつくり、これを耐火性の砂粒の中に埋め込み、砂を固めてから模型を取り出せば、鋳型ができます。製品に空洞（穴など）がほしい場合には、空洞の形をした中子を鋳型に組み込みます。鋳型に溶けた金属を流し込み、冷めたら砂を崩して製品を取り出し、最後に湯口とバリを取れば完成です（図6.12）。

大小問わずさまざまな形に対応できることが特徴です。鋳型は毎回壊されますが、砂は繰返し使用します。

模型の種類

模型の形状には「現物型」と「板型」があります。現物型はほしい形状と全く同じ形につくったもので、板型は断面形状が同じ場合に板形状のかき板を回転させたり水平に移動させることで、必要な空洞をつくります。

板型は現物型と比べて模型をつくる時間とコストを削減することができます。模型は木材や樹脂、金属でつくり、繰返し使用します。

模型の設計ポイント

模型の設計では、3つの考慮すべき項目があります。「縮み代」「抜

きこう配」そして「仕上げ代」です。

　縮み代は、溶けた金属が冷えて固まる際に収縮する量のことで、模型はこの縮み代を見込んで少し大きめにつくります。抜きこう配は、砂を込め終わり模型をはずす際に鋳型から容易に取り出せるように、抜き方向につけるこう配のことです。仕上げ代は、鋳造したあとに切削加工で仕上げる場合の削り代のことで、模型はこの仕上げ代を見込んで大きめにつくります。

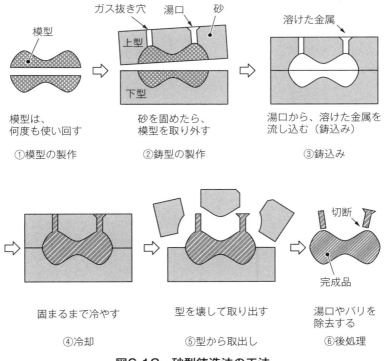

図6.12　砂型鋳造法の工法

シェルモールド鋳造法とは

　まず金型を切削によりほしい形状に加工し、この金型を熱して熱硬化性（熱により硬化する性質）の樹脂を混ぜた砂を吹き付けると、金型の形にならった鋳型ができます。2つの鋳型を貝がら（シェル）のように閉じて空洞をつくり、溶けた金属を流し込んで成形します。

　鋳肌がキレイで寸法精度が高いのが特長です。ただし金型を加熱するために、大型の鋳物には適しません。

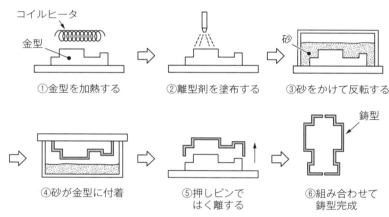

図6.13　シェルモールド鋳造法の工法

ロストワックス鋳造法とは

　ほしい形状を金型でつくり、この金型を使って融点の低いロウで模型をつくります。模型を石こうで固めて加熱すると、ロウが溶けてほしい形の空洞ができます。ここに溶かした金属を流し込んで成形します。

　模型は1回ごとに消滅し、鋳型も毎回壊れますが、模型をつくる金型は繰り返し使用します。比較的小さな複雑な形状に用いられ、アク

セサリーなどの美術工芸品にも多く使われています。1つの鋳型に対してツリー状に複数個分の空洞をつくることで、生産性を上げています。

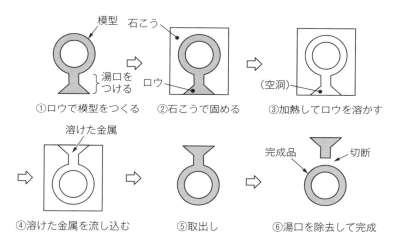

図6.14　ロストワックス鋳造法の工法（指輪の製作例）

ダイカスト鋳造法とは

　ダイカスト鋳造法は、型を金属でつくることにより繰返し使用することが可能です。アルミニウムなどの非鉄金属を溶かして圧力をかけながら型に流し込むことで、複雑で薄肉な形状でも寸法精度が高く、大量生産に向いています。自動車部品に広く使われています。

鋳物の不良

　鋳物の主な不良項目としては、「寸法不良」「鋳肌不良」「巣（ピンホール）」「ひけ」「割れ」などがあります。巣は化学反応によるガス発生や、鋳型の水分過多による気泡です。ひけは、へこみやくぼみで、本来充てんされる箇所が不足している状態をいいます。これら不良の発生原因は、模型や鋳型、流し込む際の条件などさまざまです。

第 6 章　型を使って変形させる成形加工

プラスチック加工に適した射出成形

射出成形の特徴

　プラスチックの成形方法には、ブロー成形や回転成形、真空成形などさまざまありますが、広く使われているのが射出成形です。加熱して軟化したプラスチックに圧力を加えながら金型に流し込みます。先に紹介したダイカスト鋳造法のプラスチック版です。

　プラスチックは、金属よりもはるかに低い温度で溶けるのが特徴です。複雑な形状であっても1工程で完成するので、大量生産に向いています。製品は金型から手作業で取り出すほかに、シュートで回収したり、ロボットで取り出して搬送コンベヤへ移載します。

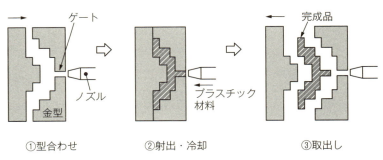

①型合わせ　　　　②射出・冷却　　　　③取出し

図6.15　射出成形の工法

射出成形金型の設計ポイント

　射出成形ではプラスチック材料を高い圧力で金型に注入するため、金型と金型を開閉する機構の双方に高い剛性が必要です。また、プラスチックは温度変化により寸法が大きく変化するため、材料が冷える際の収縮分を見込んだ金型寸法にしなければなりません。さらに、材料を流し込む入口（ゲートという）を製品のどの位置にするかは、製

品仕様だけでなく金型内へ安定した注入ができるかを考慮した位置に設計します。

その他のプラスチック成形法

（1）ブロー成形

　ブロー成形のブローは「吹く」という意味で、風船のように吹いて膨らませる成形方法です。中空形状の成形に使われ、ペットボトルやシャンプーの容器、ビニール袋など広く使われています。

　工程の流れは、粒状の材料をホッパに投入し、加熱しながら溶かしてチューブ状に押し出します。これを金型にはさんで内部に空気を吹き込み、材料を金型の内壁に押し付けることで成形します。製品の外面は金型形状が転写されますが、内面は空気圧だけなので形状の制御はできません。

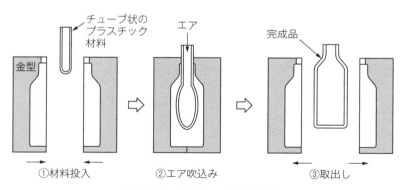

図6.16　ブロー成形の工法

（2）回転成形

　大型サイズの容器形状に適した工法です（図6.17）。粉末状のプラスチック材料を金型に投入し、金型をバーナーで加熱しながら回転させることで、溶けた材料は金型内面に付着します。その後加熱を止めて自然

冷却し、材料が固まったら金型のフタを開けて成形品を取り出します。
　金型は回転させるだけで外力が加わらないので強さは必要なく、安くつくることができます。また製品の肉厚を変えたいときは、投入する材料の量を変更することで、容易に対応が可能です。

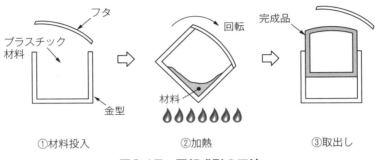

図6.17　回転成形の工法

（3）真空成形
　プラスチックのシートを加熱し、ほしい形状をした金型の上に乗せて、金型に開いた穴から吸引します。これによりシートは金型面にピッタリと貼りつくことで成形します。冷却後に金型の穴からエアを吹き出してシートを取り出します。お弁当のプラスチック容器や食品トレーがこの工法でつくられています。

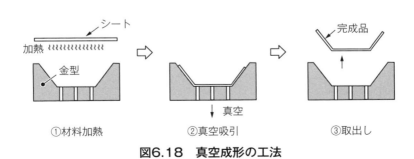

図6.18　真空成形の工法

第 6 章　型を使って変形させる成形加工

金属を叩いて鍛える鍛造

鍛造の特徴

　鍛造は、「鍛えて造る」と書くように、ハンマやプレス機で金属に大きな力を加えることで成形すると同時に、金属組織が緻密になります。これにより強さ、硬さといった機械的性質が向上します。

　鍛造の歴史は古く、昔より日本刀はこの鍛造でつくられています。形をつくりながら、同時に強さを高めていることが大きな特徴です。鍛造と切削加工の金属組織の違いを下図で表します。

　また鍛造はプレス機を用いますが、プレス加工（板金加工）と異なるのは、プレス加工では材料の板厚は変化しませんが、鍛造は厚みも変化することです。

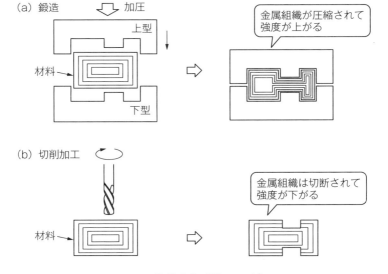

図6.19　鍛造と切削加工の違い

鍛造に使用する金属材料

炭素量が2％以下の汎用の鉄鋼材料である機械構造用炭素鋼鋼材（S-C材）や炭素工具鋼鋼材（SK材）を使用します。

またアルミニウム合金の機械的性質を向上させるときには、この鍛造により成形します。身近な例では、自動車のホイールはアルミニウム合金の「鋳造品」が一般的ですが、高級品は「鍛造品」です。強さが向上するので、使用する材料が少なくてすみ、約20％の軽量化が可能になります。

成形温度による鍛造の種類

鉄鋼材料は約800℃以上、アルミニウム合金は約400℃以上で軟らかくなります。この温度では加圧する力も比較的小さくてよく、大きな形状の加工も可能です。これらの再結晶温度といわれる温度での鍛造が「熱間鍛造」です。

一方、常温で加工する「冷間鍛造」も行われています。この冷間鍛造は材料が変形しにくいために、加圧に大きな力が必要となり、金型も高い強度が必要ですが、加熱が不要で精度の高い加工が可能です。世の中の鍛造品の生産量を見ると、熱間鍛造品が9割以上で冷間鍛造品が1割未満になっています。

鍛造方法の種類

鍛造の方法には「自由鍛造」と「型鍛造」があります。自由鍛造は金型を使わずに、熱した金属をハンマやプレス機で打つことで成形します。手作業が中心なので、作業者の経験とカンに頼っています。

一方、型鍛造は金型を使って成形する方法です。金型は熱間鍛造も冷間鍛造でも過酷な状況での使用になります。前者では材料が高温のため金型も熱で傷みやすく、後者では大きな力がかかるので頑丈さが

必要になります。また、金型から余分の材料がはみ出てバリとなるので、鍛造後にバリ取り加工を行います。

鍛造機械の種類

　自由鍛造には「エアハンマ」を用います。ハンマといっても手で振り下ろす金づちではなく、自動でプレスする工作機械をいいます。エアハンマの駆動源は圧縮空気やモータを使い、重量のあるハンマ頭を上下して工作物を打ちます。

　型鍛造には「鍛造プレス」を使用し、金型を鍛造プレスに取り付けて、自動でプレスします。駆動源にはモータや油圧を使っています。

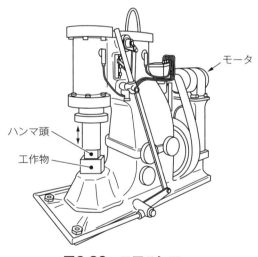

図6.20　エアハンマ

第6章 型を使って変形させる成形加工

圧延加工と押出し・引抜き加工

圧延加工の特徴

　圧延加工は、回転するロールの間に材料を通すことで、ロールのすき間量まで薄くする加工方法です。これはそば打ちで、練ったそば粉をめん棒で伸ばす作業に似ています。圧延加工では平板だけでなく、さまざまな形状の成形も可能で、再結晶温度以上で行う熱間圧延と、常温で行う冷間圧延があります。

　市販されている鉄鋼材料の厚板や形鋼の山形鋼（Lアングル）や溝形鋼（Cチャンネル）、H型鋼、I形鋼などは熱間圧延で成形されています。

　熱間圧延でつくった厚板をさらに薄くするには冷間圧延加工を行います。一般に黒皮材と呼ばれるのは熱間圧延材で、ミガキ材は冷間圧延材をいいます。

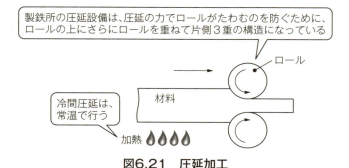

図6.21　圧延加工

特殊圧延の転造加工

　丸い工作物を工具（ダイス）に強い力で押し付けながら回転させる

ことで、工作物の表面をダイスの逆形状に成形するのが「転造加工」です。ねじや歯車はこの転造で加工されています。

　鍛造と同じく、加工表面は塑性変形して組織が連続し、力が一部に集中（応力集中）することにより加工硬化を起こすので、切削加工のねじよりも強い製品に仕上がります。

ダイスの穴を通して長尺物をつくる押出し加工

　ほしい断面形状の穴の開いたダイスに材料を通すことで、長尺の製品をつくる加工です。レールやフレームなどはこの加工方法でつくられます。通常は2メートルや4メートルといった定尺でつくられており、ユーザーはこの定尺寸法から任意の必要な長さに切断して使用します。

　断面形状には、加工メーカーの標準とオーダーメイドがあります。標準形状はメーカーカタログに載っているので、ここから最適なものを選択しますが、適したものがなければオーダーメイド（特注品）でつくります。この場合にはメーカーにほしい断面形状を提示して、ダイスの設計製作と加工を依頼します。

　この押出し加工は、非金属材料ではプラスチックのチューブやシートの加工に、また食品では麺類やところてんの加工に使われています。

押出し加工の特徴

　ダイスへの材料の通し方により「押出し加工」と「引抜き加工」があります。押出し加工は、コンテナと呼ばれる筒状の容器に入れた材料に、力をかけてダイスから押し出すことで、ダイスにあいた穴形状の断面を持った形に成形する加工方法です（図6.22のa図）。アルミサッシやアルミフレームはこの加工法で成形されています。

　主に熱間で行うため複雑な形状の成形も可能ですが、ダイスなどの装置も高温・高圧にさらされるので、維持管理には注意が必要です。

第6章　型を使って変形させる成形加工

153

引抜き加工の特徴

　引抜き加工は、先の押出し加工や圧延加工した材料を使用し、材料の先端を細めてダイスの穴に通してから、この先端をつかんで引っ張ることで、ダイスの穴形状に成形する加工方法です（図6.22のb図）。常温の冷間で加工するので、表面もきれいで高い寸法精度に仕上げることが可能です。

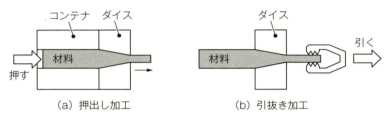

図6.22　押出し加工と引抜き加工

第7章

材料同士の接合加工と局部的に溶かす加工

第7章 材料同士の接合加工と局部的に溶かす加工
溶かして一体化する溶接

接合の信頼性がもっとも高い溶接

　モノ同士を接合するには、溶接、ねじ、はめあい、接着剤、リベットがあります。それぞれに一長一短があり、溶接は金属同士を熱で溶かすことで金属組織的に結合するため、もっとも接合の信頼性が高い加工方法です。

接合方法	接合の信頼性	取り外しの容易性	特徴	本書解説
溶接	◎	×	・接合強度はもっとも高い ・コストダウンが狙い	本章
ねじ	○	◎	・取外しが可能な唯一の方法 ・加工コストが安い	第4章
はめあい（圧入）	○	△	・ねじが使えない接合に有効 ・高精度	第4章
接着剤	△	×	・加工コストが安い ・固定の信頼性は高くない	本章
リベット	○	×	・穴にピンを通して、ピンの両端をつぶして固定する方法	—

図7.1　接合方法の種類と特徴

溶接の目的はコストダウン

　たとえば、T型やH型形状の部品は設備などにもよく使われています。とくにサイズが大きい場合には、切削加工では多くの時間が必要なうえに多くの切りくずがでます。そこで平鋼同士を溶接することで、加工時間の短縮だけでなく、材料費の削減にもつながります。
　また形状が複雑な場合に、単品部品を組み合わせることで安く早くつくれるものの接合にも溶接が使われています。しかし、溶接の熱によりひずみが発生しやすいので、加工精度が必要な場合には溶接後に

フライス加工で仕上げます。なお溶接では接合する金属材料を「母材」と呼んでいます。

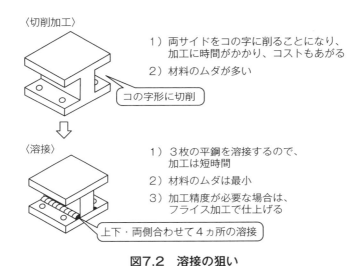

図7.2　溶接の狙い

溶接の大分類はガス溶接と電気溶接

溶接は、熱源により「ガス溶接」と「電気溶接」に分かれます。ガス溶接はガスを燃焼させた炎の熱で、母材と溶接棒を溶かして接合し

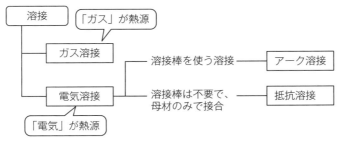

図7.3　溶接の大分類

ます。装置が比較的安い反面溶接技術を必要とし、可燃ガスを用いるため安全面の配慮が必要です。

一方、電気溶接は電気を流した際の放電や電気抵抗による熱を利用した方法です。ガス溶接に比べて器材もコンパクトで、作業の容易性からこの電気溶接が一般的です。

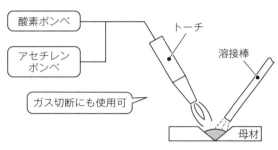

図7.4　ガス溶接

アーク溶接と抵抗溶接

電気溶接は「アーク溶接」と「抵抗溶接」に分かれます（図7.3）。アーク溶接は放電（アーク）で火花を発生させその熱で接合する方法です。母材と同質の溶接棒を使うことで、母材と溶接棒の両方が溶けて一体化します。

抵抗溶接は母材同士を重ねて電気を流し、接触部の電気抵抗による熱で母材を溶かして接合する方法です。溶接棒は必要とせず、母材だけで接合します。おもに板金の溶接に使われます。

では、それぞれの溶接について、詳細を見ていきましょう。

第 7 章　材料同士の接合加工と局部的に溶かす加工

放電を使ったアーク溶接

アーク溶接の原理と溶接棒

　アーク溶接は雷と同じ原理で、電位差により火花放電が起こり、3000℃以上の高温の熱と光が発生します。この熱を安定して発生させることで、母材と溶接棒を溶かします。

　一般的な溶接棒は電極を兼ねており、電気を流しながら溶接棒自体が溶けていくので消耗品扱いになります。この溶接棒を「被覆アーク溶接棒」といい、外周には被覆材が塗布されています。これが溶接熱によって気化してシールドガスとなり大気の酸素や窒素を遮断することで、酸化物や窒化物の形成を防ぎます。

　一方、消耗しない電極（タングステン電極など）を使う際には、電極とは別に溶接棒を使用します。

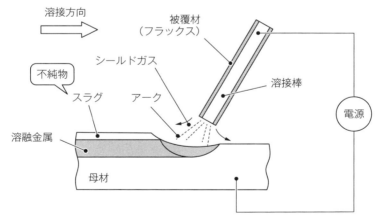

図7.5　被覆アーク溶接

被覆アーク溶接とガスシールドアーク溶接

　被覆アーク溶接棒を使用した溶接を「被覆アーク溶接」といい、通常溶接といえばこの溶接を指します。溶接設備も比較的安く、屋内屋外の溶接場所を問いませんが、作業には熟練度が必要です。強い光と発生するガスで視界が悪いため溶接箇所が見えにくく、また溶接棒を動かすスピードにより溶接の品質が決まります。

　一方、溶接の品質を向上させるためには「ガスシールドアーク溶接」があります。溶接箇所にアルゴンやヘリウムなどのシールドガスを吹き付けて大気と遮断することにより、酸化物や窒化物の形成を防ぎ、安定した溶接を行います。被覆アーク溶接よりもコストがかかりますが、良好な溶接が得られ、熱によるひずみも少ないのが特徴です。アルミニウム合金や銅合金、ステンレス鋼などに使用されます。

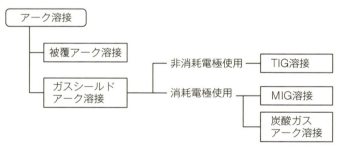

図7.6　アーク溶接の種類

TIG溶接とMIG溶接

　ガスシールドアーク溶接には「TIG溶接」「MIG溶接」そして「炭酸ガスアーク溶接」があります。TIG溶接はタングステン電極を用いて、電極と別に溶接棒を使用します（図7.7のa図）。MIG溶接は母材と同質のワイヤ状の電極を用います（同b図）。電極が溶けて溶接棒

の役割を果たします。

　両者を比較すると、溶接速度や手動操作の容易性といった「溶接の作業効率」はTIG溶接が、外観や内部欠陥などの「溶接の品質」はMIG溶接が優れています。ただし、MIG溶接は薄板の溶接には向いていないので、一般的には板厚が2～3mm以下ではTIG溶接を、それ以上の厚みではMIG溶接を選定しています。

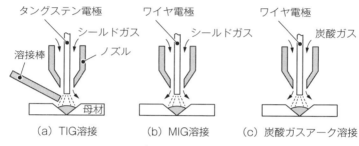

図7.7　ガスシールドアーク溶接

炭酸ガスアーク溶接

　炭酸ガスアーク溶接は、高価なシールドガスの代わりに安価な炭酸ガスを用いています（図7.7のc図）。被覆アーク溶接よりも溶接速度が速く、アークの集中性が良いので母材への溶込みが深く、不純物のスラグが少ないというメリットがあるので、炭素鋼の溶接に広く採用されています。なお、炭酸ガスにアルゴンガスを加えた混合ガスを使用するものは「MAG溶接」といいます。

アーク溶接の母材材質

　鉄鋼材料では0.3％以下の炭素鋼が溶接性に優れます。炭素量が0.3％以上になると焼入れ硬化が起こり、き裂の発生するリスクが生じます。鋳鉄も炭素量が多いので溶接は困難です。

ステンレス鋼、アルミニウム合金、銅合金は溶接が難しい材質なので、TIG溶接やMIG溶接を使います。ステンレス鋼は熱変形も大きく、アルミニウム合金と銅合金は熱の伝導性がよいので溶接の熱が逃げてしまい、作業性が劣ります。銅合金の接合は後述する「ろう付け」が一般的です。

アーク溶接の継手種類

　母材同士をどのように当てて溶接するのかを溶接継手といいます。代表的な溶接継手を図で紹介します。

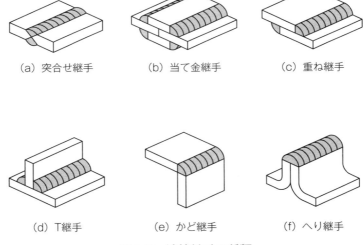

(a) 突合せ継手　　(b) 当て金継手　　(c) 重ね継手

(d) T継手　　(e) かど継手　　(f) へり継手

図7.8　溶接継手の種類

第7章 材料同士の接合加工と局部的に溶かす加工

電気抵抗による発熱を使った抵抗溶接

抵抗溶接の原理

　導体に電気を流したときに、抵抗により発生する熱がジュール熱です。これを利用した製品には、電気ポットやヘアドライヤーがあり、抵抗溶接もこの熱を活かしています。

　抵抗溶接は主に板金の溶接に使用し、2枚の母材を電極ではさんで電気を流すと、接触部の抵抗により発熱します。この熱により母材が溶けた状態で力を加えて接合します。アルミニウム合金などの軟らかい材料の場合には、母材の両面に電極を押し付けた後が丸くへこんで残ります。

抵抗溶接の特徴

　アーク溶接と比較すると、抵抗溶接は次のような特徴があります。
①溶接棒は不要
②熱を一点に集中できるので、溶接効率が高い
③不純物がなく、外観もキレイ
④作業の溶接姿勢は自由（アーク溶接は主に下向き）
⑤短時間で溶接できるので、熱の影響が少ない
⑥溶接作業が比較的容易

抵抗溶接の種類

　接合する母材の位置関係で「重ね抵抗溶接」と「突合せ抵抗溶接」があります。重ね抵抗溶接は、薄板を重ねて溶接します。電極の形状の違いによって「スポット溶接」「プロジェクション溶接」「シーム溶接」があります（図7.9）。一方、突合せ抵抗溶接は、棒や板の端面同士を突き合わせて接合する溶接で「バット溶接」ともいいます。

これら抵抗溶接の中では、スポット溶接がもっとも代表的な接合方法です。自動車のボディの接合で多く使われています。

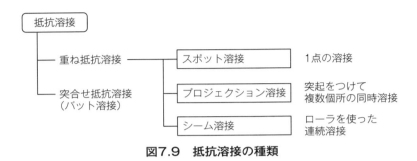

図7.9　抵抗溶接の種類

スポット溶接・プロジェクション溶接・シーム溶接

　スポット溶接は、スポットとあるように「点」で溶接します（図7.10のa図）。電極は丸棒で先端が尖った形状になっています。重ねた母材を2本の電極ではさみ込んで電気を流します。発熱により接触部が溶ければ、さらに力をかけることで母材同士を接合します。

　プロジェクション溶接は、片側の母材に複数の突起をつけておき、大きめの電極で一気に加圧して溶接する加工効率のよい方法です（同b図）。板金に溶接する際に使用する「溶接ナット」は、このプロジェクション溶接用の特殊ナットです（同c図）。これはウェルドナットとも呼ばれ、板金との接触面に4つの突起がついています。板金上に置いたナットの全面を電極で押し付けて電気を流すと、この4つの突起部で接合します。

　シーム溶接は、ローラー形状の電極を母材の上を転がすことで線状に連続して接合します（同d図）。容器形状の周囲を密閉する際にこの溶接を行います。

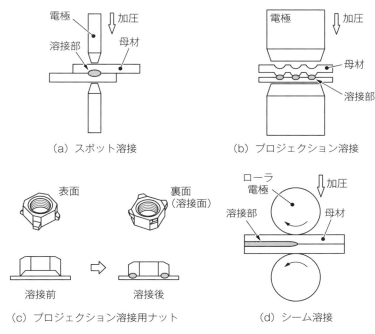

図7.10　重ね抵抗溶接

図面の意図を読む（対称に溶接する）

溶接では熱が加わるために変形が生じます。その対策として、強度的には片側の溶接で大丈夫でも、両側に対称に溶接する設計を行います。たとえばH型に溶接する際には上下両側合わせて4ヵ所に行い（図7.2）、2枚の板を突き合せる場合やT型にする場合も両側に溶接します（図7.8）。

また加工方法の対策では、仮組みした状態で少しだけ溶接（仮溶接）してから本溶接をすることで、熱による反りを極力防止します。

第 7 章　材料同士の接合加工と局部的に溶かす加工

ろう付けと接着

ろう付け

　これまで紹介してきた溶接は、母材同士が金属組織的に結合するものでした。これに対して「ろう付け」は、母材よりも低い温度で溶ける金属（これをろうといいます）を溶かして、毛細管現象により母材のすき間に流し込む接合方法です。ろうの材料には、銀、黄銅、アルミニウム、ニッケルなどがあります。この特徴は以下のとおりです。
①母材は溶かさないので薄板や精密な部品の接合が可能
②ろうの浸透により複雑な形状でも接合が可能
③異なる金属同士の接合も可能

はんだ付けはろう付けの一種

　電気配線に使われている「はんだ付け」は、すずと鉛の合金をろうとして使用したもので、ろう付けの一種です。はんだ付けの歴史は古く、奈良の大仏の建造にも使われています。ただし、鉛は人体に有害で自然環境面に悪影響を及ぼすことから、現在では鉛を含まない「鉛フリーはんだ」が普及しています。
　またはんだ付けしにくいアルミニウム合金や非金属のガラスやセラミックスは、超音波を使った「超音波はんだ付け」が適しています。

接着

　母材の間に金属を流し込んで接合するのがろう付けだったのに対して、金属以外の材料を使って接合するのが「接着」です。身近にはスティックのりや瞬間接着剤があります。
　接着剤の材質は、自然界のデンプンやとうもろこし、松ヤニを使ったものと、有機加工物すなわちプラスチックを使ったものに分かれま

す。プラスチック系の接着剤は用途に合わせて、多くのメーカからさまざまな種類が市販されています。

接着剤は異なる材料同士も接着できることが大きな特徴ですが、ポリエチレン（PE）、ポリプロピレン（PP）、フッ素樹脂（テフロン®など）、フッ素ゴム、ブチルゴムは接着が困難な材料です。

余談ですが、接着剤でなぜ接合できるのかは、今でも明らかになっていません。説としてはアンカー効果や分子間力があります。アンカー効果は工作物表面の凹凸に接着剤が入り込んで固まれば抜けなくなるという考え方です。

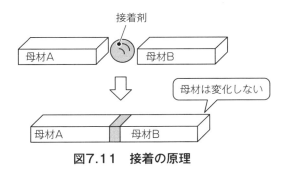

図7.11　接着の原理

接着剤の分類

成分による分類では種類が多岐にわたるので、ここでは身近な商品を通して大分類で見ておきましょう。

(1) 1液性接着剤

プラモデル工作によく使うセメダインC®や木工用ボンドは、1液性接着剤の代表格です。工業用は加熱して硬化します。

(2) 2液性接着剤

アラルダイト®などの2液性接着剤は、使う直前に本剤と硬化剤を混ぜ合わせて使用します。常温で硬化します。

（3）瞬間接着剤

　アロンアルファ®などの瞬間接着剤は、常温で瞬時に硬化するのが特徴です。この瞬間接着剤は私用で使うこともあるでしょうが、軍手をはめての使用は危険です。接着剤が布にしみ込むと毛細管現象により一気に広がり、その際に100℃前後まで発熱するからです。

（4）紫外線硬化型接着剤

　これまで紹介した接着剤は、開封もしくは混合させた直後から硬化がはじまりますが、この紫外線硬化型接着剤は紫外線をあてることで硬化するので、硬化のタイミングを制御できることが特徴です。これを活かして工業製品に多用されています。紫外線はUV（ユー・ブイと読む）と略されるので、UV硬化型接着剤とも呼ばれます。

	メリット	デメリット
1液性接着剤 （エポキシ系）	・価格が安い ・混合する手間が不要 ・管理が簡単	・加熱が必要
2液性接着剤 （エポキシ系）	・常温で硬化	・混合の手間がかかる
瞬間接着剤	・まさに瞬間で硬化する ・常温で硬化	・衝撃に弱い ・表面が白く粉をふいた状態になる
紫外線硬化型 接着剤	・紫外線（UV）の照射で硬化するので、硬化タイミングを制御できる ・硬化速度が速い ・1液性で取り扱いやすい	・紫外線照射装置が必要 ・手作業では困難

図7.12　接着剤の特徴

第 7 章 材料同士の接合加工と局部的に溶かす加工

光を使ったレーザ加工

局部的に溶かして形をつくる加工

　切削加工や成形加工は、外部から力を加えて形をつくります。それに対して、光や電気、化学反応を使って材料を局部的に溶かして形をつくる加工法として、レーザ加工、放電加工、エッチング、３Ｄプリントを紹介します。工具が工作物に接触しない加工のため、薄肉部品などの変形しやすい材料への加工に向いています。

　これらの加工は、工作機械によって加工性能が異なることと、それぞれに固有技術があるため、加工形状や寸法精度は設計段階で加工者とすり合わせるのが一般的です。

レーザ光とは

　発表会などでスクリーン上の資料を指し示すレーザポインタは、レーザ光を利用しています。この例からもわかるように、優れた直進性が大きな特徴です。アポロが月面に置いてきた鏡に地上からレーザ光をあてて反射して戻ってくる時間から、月までの距離を計測しています。その測定誤差は２～３cmだそうです。

　太陽光はさまざまな波長の光が合わさったものですが、レーザは単一の波長なので光が拡散しません。太陽光を虫めがねで一点に集中させると紙がこげるのと同じように、レーザ光を一点に集中させると金属を溶かすほどのパワーになります。

レーザ加工の特徴

　レーザ加工は、レーザ光のエネルギーを熱に変えて工作物を溶かして加工します。

その特徴は、
①バイトやエンドミルといった切削工具が不要
②工作物に力が加わらないので、変形が生じない
③工作物の発熱が少ないので、熱ひずみが少ない
④ダイヤモンドなど硬度を問わず加工できる
⑤レーザ光の軌跡をプログラムで自由に設計できる
⑥切り代が少ないので、材料の歩留まりに優れる
⑦複雑な形状や微小な加工も問題なくできる
と多くのメリットがあります。
　ただし反射率の高い純アルミや純銅は加工に適しません。

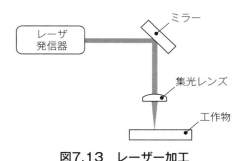

図7.13　レーザー加工

レーザ光を使った加工のねらい

　レーザ光で工作物を加熱することで「除去」「接合」「焼入れ」の加工が可能です（図7.14）。除去は、レーザ光をあてた箇所を熱で溶かして蒸発させることで、穴あけや切断、マーキングをします。レーザ接合は、レーザ光を熱源として金属を局部的に溶かすことで溶接やろう付けする方法です。また局部を熱することで焼入れの熱源としても使用されています。

レーザ加工による除去

　レーザ加工は板金の切断に広く使われています。切断形状をプログラムで容易に設定できることが長所です。1枚の板をムダなく使うために、切断形状を最適な位置に配置します。ただし、加工できる厚みには限界があり、加工機の性能にもよりますが、鉄鋼材料で厚み12mm前後が目安です。また超微細な穴加工にも向いています。たとえば厚み0.1mmの金属板に直径ϕ0.01mmの穴あけも可能です。

　マーキングは工作物の表面に印字を行います。微細な文字や記号を明確に書けるため、製品表面への規格刻印などに使われています。

CO_2レーザとYAGレーザの特徴

　レーザ加工機は、CO_2レーザ（炭酸ガスレーザともいう）とYAGレーザ（ヤグ・レーザと読む）がよく使われています。レーザ光を生み出す機能が異なり、レーザ光の波長も異なります。切断や穴あけにはCO_2レーザが、マーキングやレーザ溶接にはYAGレーザが利用される傾向があります。

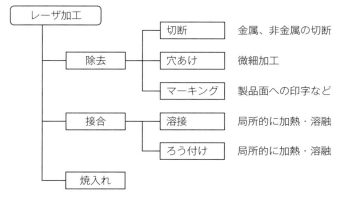

図7.14　レーザ加工のねらい

第 7 章 材料同士の接合加工と局部的に溶かす加工

精密加工に適した放電加工

放電加工の特徴

　放電加工は、電気エネルギーを熱に変えて工作物を溶かす加工です。原理はアーク溶接と類似しており、電極と工作物に電気を流し、わずかな空間で放電させて6000℃近い火花の温度で工作物を加熱して溶かす非接触加工です。電気が流れる材料であれば、焼入れした硬い材料や超硬合金にも精密に加工することができます。

　とくに成形加工に使用する金型は、高硬度で非常に複雑な形状のものが多いので、この放電加工の得意分野です。

　放電加工には「形彫り放電加工」と「ワイヤ放電加工」があります。形彫り放電加工は、加工したい形状を反転させた電極を使うのに対して、ワイヤ放電加工では電極に細いワイヤを使用し、このワイヤを加工したい形状に移動させながら金属材料を切断します。

形彫り放電加工

　通常、放電加工といえばこの形彫り放電加工のことを指します。加工したい形状を反転させた形の電極を工具として、水や灯油の中で金属材料に向かい合わせることで火花を起こして、その熱で金属を溶かします（図7.15）。工作物は固定して、電極を自動制御で下降させながら彫り進めます。1μm（ミクロン）レベルの寸法精度で加工することが可能です。電極は銅などの軟らかい材料を使うので、電極自体は容易に加工することができます。

　軟らかい電極は削れず、硬い工作物が削れるのは不思議ですが、これは電極の向きでコントロールしています。またフライス加工では、エンドミル先端の半径Rが工作物につきますが、放電加工では90°のシャープなエッジに仕上げることが可能です。

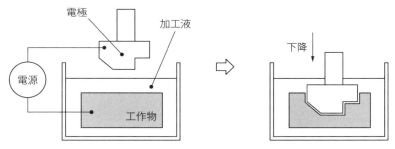

図7.15　形彫り放電加工

ワイヤ放電加工

　ワイヤ放電加工は「ワイヤカット」ともいいます。工作物に事前に貫通穴をあけておき、この貫通穴にワイヤを通します。電極になるワイヤの材質は真ちゅう（銅の一種）で、ワイヤ直径は$\phi 0.2 \sim 0.3$mm程度が一般的です。テンションをかけた状態で巻き取りながら、水の中で火花を発生させて工作物を切っていきます。

　テーブルに固定された工作物をプログラムで前後左右に移動させることで、加工形状を自由に変えることができます。使用するワイヤは使い切りの消耗品になります。

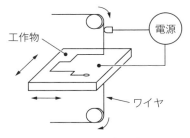

図7.16　ワイヤ放電加工

第 7 章　材料同士の接合加工と局部的に溶かす加工

エッチングと3Dプリンタ

化学的に材料を溶かす

　薬品を使って化学的に材料を溶かすことで形をつくる加工法がエッチングです（第1章の図1.12図参照）。

　工作物に感光性の樹脂を塗り、上から露光して不要な箇所の樹脂を除去します。除去された箇所を薬品で溶かすことで、ほしい形状が残ります。最後に樹脂を取り去れば完成です。プリント基板の配線に広く使われおり、端子のピッチが0.1mmレベルの微細加工が可能です。

3Dプリンタとは

　3Dプリンタの3Dは立体を意味し、印刷により立体をつくる加工法です。薄い印刷でも何度も重ねることで厚みが出て、2次元の平面から3次元の立体に形づくります。材料はプラスチックが主ですが、最近では金属も使用できるものが出てきました。

　この加工法の特徴は、以下のとおりです。
①切削加工や成形加工で不可能だった複雑形状も加工可能
②プログラムにより自由に形状を設計可能

　また、短所としては、
①加工に時間がかかるので、大量生産には向かない
②使用する材料が限定される
③高精度の加工は難しい
などがあげられます。

　現在は試作品の製作に広く活用されています。試作品は細かな修正がたくさん入りますが、3Dプリンタを使えばプログラムの修正ですぐに加工できることが大きな魅力です。また顧客への営業活動においても、図面で説明するより実体のある試作品を提示することで、理解

を深めてもらいやすくなります。

3Dプリンタの技術進歩は速く、精度面やコスト面、加工時間の短縮など、これからの展開が期待されています。

3Dプリンタの方式

いくつもの方式がある中で、熱溶解積層方式（FDM方式）と光造形方式（SLA方式）を紹介します。

(1) 熱溶解積層方式（FDM方式）

エンジニアリングプラスチックのポリカーボネイトやABS樹脂などを加熱して溶かし、薄く積み重ねていく工法です（図7.17のa図）。

(2) 光造形方式（SLA方式）

紫外線をあてると硬化する液状の樹脂を槽に満たし、上から紫外線レーザを照射させて硬化させます（同b図）。1層硬化すればステージが1層分下がり、同じように照射を繰り返すことで形をつくります。最後に槽から引き上げて完成です。

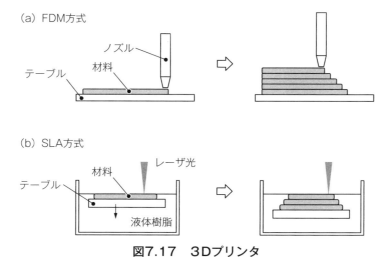

図7.17　3Dプリンタ

COLUMN
なによりも安全が最優先

　加工に求められる３つの要素として、第１章で製造品質と製造原価と加工時間について紹介しました。この３つを達成するうえでもっとも大切なのは安全の確保です。工作機械は高速で動くので、誤った操作をすると大きな事故につながります。では、現場ではどのように安全を守っているのでしょうか。この対応は「ソフト面」と「ハード面」の両輪で行っています。

　ソフト面の対応は、決められた手順で正しい操作を行うための意識向上と実践です。基本は整理・整頓・清掃、そのうえで作業着を正しく身につけます。袖のボタンをしっかり留め、軍手やネクタイの着用は厳禁です。工具や工作物は高速で回転するので、少しでも触れると一気に巻き込まれてしまう危険があるからです。保護メガネや安全靴の着用も大切なルールです。また突発的な作業でも安全に対応できるように、日常から危険予知訓練（略してKYT）を行います。

　一方、「人はどんなに注意していてもミスをしてしまう」ことを前提に、ハード面の対応として工作機械や治工具にケガを防ぐ機能がついています。たとえば安全カバーを設置し、稼動中に開けると自動で停止する設計や、プレス機は両押しボタンといって、スタートスイッチ２個を同時に押されなければ稼動しません。スイッチが１つだけでは、万一金型内に手が入っていても動作してしまいます。しかし、２個だと必ず両手で押すことになるので、金型内に手が入ることを防げます。といっても第三者が手を入れるかもしれません。そのためセンサの設置により、光をさえぎると瞬時に停止する設計になっています。

第 8 章

材料の特性を変える加工と材料取り

第 8 章 材料の特性を変える加工と材料取り

材料内部を変える熱処理

なぜ熱処理を行うのか

　一般的に、加工といえば形が変わることをイメージしますが、この熱処理は形を変えずに材料の性質を変えます。すなわち金属の組織を変える加工です。

　熱処理は名称が似ているので少々混乱してしまいがちですが、簡単にいうと、以下のとおりです。
① 「硬く・粘り強くする」のが「焼入れ・焼戻し」
② 「軟らかくする」のが「焼なまし」
③ 「組織を標準状態に戻す」のが「焼ならし」

どのように硬さを変えるのか

　熱処理のプロセスはシンプルで、「加熱」と「保温」と「冷却」の3つです。この条件を変えることで性質を変えています。
① どれくらいの速さで加熱するのか
② 何度まで加熱するのか
③ どれくらいの時間保温するのか
④ どれくらいの速さで冷却するのか

　これらの条件を変えることで、硬くなったり、軟らかくなったり、標準状態に戻ります。

冷やす速度が一番のポイント

　とくに重要なのが④の冷却の速度です。焼入れ・焼戻しは一気に冷やす「急冷」を行い、焼ならしは自然放熱で冷やす「空冷」、そして焼なましは炉の中で半日や1日かけてゆっくり冷やす「炉冷」を行います。

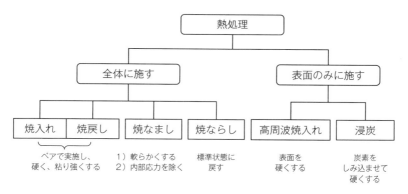

図8.1　熱処理の種類

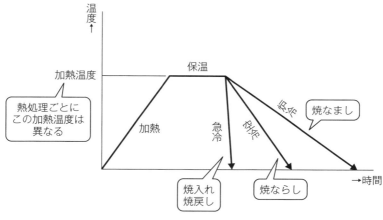

図8.2　熱処理の温度制御

硬さと粘り強さを向上させる焼入れ・焼戻し

　硬さだけでよければ、超硬合金を使うなど材料の選定だけで対処できます。しかし材料は、硬くなればなるほどもろくなる性質があります。もろくなると衝撃に弱いので、頑丈さがほしいときには、硬さと粘り強さの両方が必要になります。その手段が焼入れ・焼戻しです。

焼入れで硬さを向上させ、焼戻しで粘り強さをもたせます。この2つの処理は必ずペアで行います。

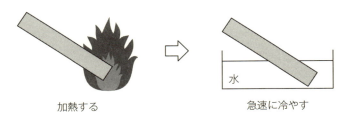

図8.3　焼入れ作業

焼入れ効果は炭素量0.3％以上

　焼入れを行う炭素鋼は、炭素量0.3％以上で焼入れ効果が出ます。炭素量が増えるほど硬度は増し、0.6％前後で頭打ちになり、0.6％以上は硬さは同じですが、耐摩耗性が向上します。すなわちSS材（一般構造用圧延鋼材）は炭素量0.3％以下なので焼入れ効果はでません。S-C材（機械構造用炭素鋼鋼材）はS30C以上の鋼材とSK材（炭素工具鋼鋼材）は全品種が焼入れ対象になります。

　合金鋼の焼入れは、炭素鋼の焼入れよりもさらに硬さと粘り強さの向上を図ることができます。また工作物が大きい場合は、炭素鋼では中心部の冷却が遅く焼きが入りにくいため、合金鋼にすることで焼入れ性が向上します。

焼なましのねらい

　焼なましは材料を軟らかくすることを目的としています。材料に大きな力が加わると硬さが増しもろくなる「加工硬化」を第3章で紹介しました。冷間圧延（第6章）した鉄鋼材料は加工硬化を起こしているので、焼なましを行っています。

焼なましには、もう１つねらいがあります。それは「内部応力の除去」です。鉄鋼材料をつくる過程で、材料の内部に目には見えない力が閉じ込められています。これを内部応力や残留応力といいます。これに加工を行うと内部応力のバランスが崩れて反り（変形）につながります。そこでこの内部応力を除去するのが焼なましになります。

　先の焼なましと区別するために、軟らかくする処理を「完全焼なまし」、内部応力を除去する処理を「応力除去焼なまし」と区別しています。それぞれの加熱、冷却の条件は異なります。

焼ならしのねらい

　組織を標準状態に戻すのが焼ならしです。たとえば、鋳造の冷却速度や鍛造（共に第６章）での圧力のバラツキなどにより発生した組織の不均一を、この焼ならしで直します。

表面のみに施す熱処理

　表面だけに焼きを入れることで「硬さの二重構造」をねらった熱処理が「高周波焼入れ」と「浸炭」です。内部は軟らかいまま表面だけを硬化させることで衝撃に強く耐摩耗性にも優れた性質を狙います。どちらも焼入れと焼戻しを行います。

コイルで加熱する高周波焼入れ

　先の焼入れ・焼戻しのように部品全体を加熱するのではなく、必要な箇所だけにコイルを巻いて高周波電流を流すことで表面を瞬間加熱します。コイルは部品形状に合わせてつくります。硬さが二重構造になるので、シャフトや歯車などの衝撃がかかり耐摩耗性も必要な製品に適しています。また、レールのような大きなものの焼入れの場合も、レールは固定しておきコイルを移動することで加熱できるので作業効率にも優れています。

炭素をしみ込ませて焼きを入れる浸炭

　この浸炭はとてもユニークな熱処理です。炭素量の少ない軟らかい鉄鋼材料（炭素量0.2％のS20Cなど）の表面に、専用設備で炭素をしみ込ませてから焼入れを行います。焼入れ効果が出るのは炭素量0.3％以上なので、中心部は軟らかなままで、表面はカチカチに硬くなります。

　パチンコ玉はこの浸炭処理をしています。炭素量が0.2％前後の鉄鋼材料の表面に炭素を0.8％しみ込ませています。0.8％の炭素量はSK材（炭素工具鋼材）レベルなので、しっかりと焼きが入りますが、中心部はとても軟らかいので、パチンコを打ったときの大きな衝撃にも割れることなく、長期間使用することが可能になっています。

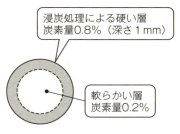

図8.4　パチンコ玉の浸炭

第 8 章　材料の特性を変える加工と材料取り

材料の表面を変える表面処理

表面処理の目的

　熱処理が材料そのものの性質を変えるのに対して、表面処理は材料の表面に薄い膜をつけることで、新たな性質を加える処理になります。もっとも多い目的は、鉄鋼材料のさび防止（防錆）です。さびのような化学反応に対する抵抗力を専門用語で耐食性（たいしょくせい）といいます。

　その他には耐摩耗性やすべり性、はく離性、装飾性などを目的に表面処理を行います。

塗装とめっき

　表面処理は「塗装」と「めっき」に分かれます。塗装は樹脂系塗料を塗る処理です。日曜大工のペンキのイメージです。これに対して、めっきは金属系の被膜をつけます。

　どちらの処理も、材料表面の洗浄を行う「前処理」、塗装もしくはめっきを行う「本処理」、洗浄や乾燥などの「後処理」の3つのプロセスで加工されます。

塗装の特徴

　塗装は主に防錆と装飾性をねらいます。塗料をムラなく安定して塗るためには、スプレーを使った吹付け塗装や、塗料と材料を帯電させて付着させる静電塗装、また塗料の入った容器に材料を漬ける浸漬塗装（どぶ漬けという）などの方法があります。めっきよりも安価に加工できるので、とくにサイズの大きなフレームやカバーなどに広く採用されています。自動車のボディも下塗りは浸漬塗装で、中塗りと上塗りは吹付け塗装や静電塗装を行っています。カラーの色目は、色見本やマンセル記号で指示します。

鉄鋼材料のめっき種類

鉄鋼材料の主なめっきを紹介します。
（1）黒染め（クロゾメ）

化学反応による良質の黒さびの皮膜を黒染といいます。膜厚は1μm程度と薄いので高精度品に適しています。安価ですが、防錆効果は高くありません。色はつやなしの黒色です。

（2）クロメート

従来の6価クロメートは安価で広く使用されてきました。光沢クロメート（ユニクロ®）、有色クロメート、黒クロメートの3種類あり、光沢クロメートは耐食性に劣りますが、白色で装飾用に使用されることが多く、有色クロメートは虹色でもっともよく使われてきました。しかしこの6価クロメートは人体に有害であること、環境汚染も引き起こすことから、現在は3価クロメートに移行しています。

（3）無電解ニッケルめっき

化学反応によるニッケル被膜を形成します。膜厚を指定でき、高精度品に適します。一般的な膜厚は3〜10μmです。

（4）硬質クロムめっき

電気めっきの中でもっとも硬く、耐摩耗性、耐食性に優れます。一般的な膜厚は5〜30μmで、膜厚の指定が可能です。鏡面に仕上げたい場合には、めっき後にバフ研磨（第5章参照）を行います。

（5）フッ素樹脂含浸無電解ニッケルめっき

フッ素樹脂は、テフロン®が知られています。硬さと共に撥水性、すべり性、はく離性に優れます。一般的な膜厚は10〜15μmです。

アルミニウム材料のめっき種類

アルミニウム材料へのめっきは膜厚に注意が必要です。鉄鋼材料のめっき膜厚はそのまま工作物の寸法に足されますが、アルミニウム材

料のめっきでは、膜厚の半分はアルミ素材に侵食するため、実際の寸法増加は膜厚の半分になるのです。たとえば膜厚10μm指定では、工作物の寸法の増加は5μmとなります。

(1) アルマイト

化学反応による酸化被膜を形成します。耐食性の向上をねらいます。一般的な膜厚は5～15μmです。

(2) 硬質アルマイト

硬さと耐摩耗性に優れます。一般的な膜厚は20～50μmで、皮膜は電気を通さない絶縁被膜になります。

(3) フッ素樹脂コーティング

タフラム®が知られています。硬さと共に撥水性、すべり性、はく離性に優れます。一般的な膜厚は、30～50μmです。

高精度なめっき法

これまで紹介しためっきは液中で処理する一般的な方法ですが、ドライな状態できわめて薄い膜厚を形成する方法として、蒸着めっきがあります。金属を加熱・蒸発させて工作物表面に膜をつくります。膜厚は主に数μm以下のレベルで、高価な材料を精度よく付着させることに適しており、物理蒸着法のPVDと化学蒸着法のCVDがあります。

PVDの真空蒸着は、真空中で材料を加熱・蒸発させます。工作物は金属だけでなくプラスチックなどにも可能です。また真空蒸着の一種のスパッタ蒸着は、金や銅といったプレート状の材料にアルゴンガスの粒子を勢いよく衝突させることで、金や銅の粒子をプレートからはじき出して、工作物に付着させる工法です。半導体や電子部品、液晶の薄膜形成に広く使われています。

第 8 章 材料の特性を変える加工と材料取り

材料取りの切断加工

加工は材料取りからはじまる

　ここからは「その他の加工」として、切断加工とバリ取りを紹介します。切断加工は、購入した定尺寸法の材料から外形寸法に合わせて切断する作業です。これを「材料取り」といいます。加工を行う際のいちばん最初の作業になります。ただし、材料取りした切断面は粗いため、削り代を考慮して外形寸法よりも少し大きめに切断します。そのうえで本加工の旋盤加工やフライス加工により切断面を切削して、キレイな面に仕上げます。

　次に、材料取りに使用する工具と工作機械を紹介します。

金ばさみ・金のこ・糸のこ

　この3つは手作業で使用する工具です。「金ばさみ」は薄板を切るのに使用し、「金のこ」は、まっすぐの直線に切断します（図8.5のa図）。押すときに切れるので、体重をかけて切断することができます。それに対して「糸のこ」の刃は薄くて細いので曲線状に切るのに適しており、切り代が少ないので高額な貴金属の切断にも有効です。

立型帯のこ盤（コンタマシン）

　のこ刃を輪のようにつなげて回転させることで、連続して切断するのが「立型帯のこ盤」です。現場では「コンタマシン」や、略して「コンタ」といいます（同b図）。上から下に向かって回転するのこ刃に、工作物を手で押し付けて切断します。

　工作物は角形状の切断が主体ですが、丸棒の場合は必ずバイス（万力）に固定します。のこ刃が丸棒の端面に接触すると回転方向に力がかかり、手では押さえつけることができないからです。

20cmや30cmといった厚みでも切断は可能ですが、厚いほど切削抵抗が大きくなり、のこ刃も破断しやすくなります。コンタマシンの本体には、破断したのこ刃を接合する溶接ユニットがついています。

弓のこ盤とメタルソー切断機

工作物をテーブル上に固定して、自動で往復運動するのこ刃を載せて切断する工作機械が「弓のこ盤」です（同c図）。工作物を定寸で自動送りするものもあります。

「メタルソー切断機」は回転刃で切断する構造です（同d図）。ハンディタイプと据置きタイプがあります。刃の形状や直径、刃の厚みにはさまざまなバリエーションがあります。

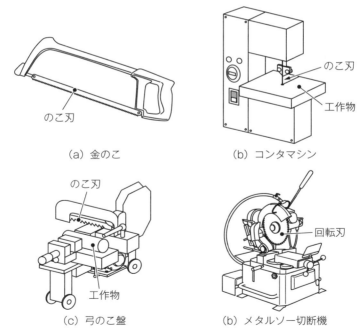

(a) 金のこ　　(b) コンタマシン

(c) 弓のこ盤　　(b) メタルソー切断機

図8.5　材料取りの工具と工作機械

シャーリングマシン

　はさみと同じ原理で、上刃と下刃にはさみ込んで直線に切断する工作機械が「シャーリングマシン」です。現場では略して「シャーリング」や「シャー」ともいい、板金の切断に使用します。

　テーブル上に工作物をおいてスイッチをONにすると、上刃が下りて切断します。切断された工作物は工作機械の後ろのシュートに取り出されます。切断できる厚みは工作機械の仕様によりますが、鉄鋼材料で6mm程度まで可能です。切断する幅が狭いと、反りやねじれが発生しやすくなります。

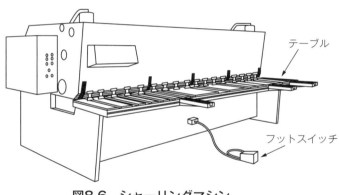

図8.6　シャーリングマシン

その他の切断方法

　このほかの板金の切断には、第7章で紹介したガス切断（図7.4）やレーザ加工があります（図7.13）。ガス切断は、燃焼ガスの炎と高圧の酸素を吹き付けて金属を燃焼させ、酸化鉄として酸素と共に吹き飛ばして切断します。

第 8 章 材料の特性を変える加工と材料取り

すべての加工で行う バリ取り

バリとは

　加工で発生した残留物が2つの面の交わるエッジ（角）に付着したものが「バリ」です。バリは加工法ごとに発生状況が異なります。本来バリはないのが理想ですが、バリの発生をなくすことは困難なので「バリ取り」作業で除去します。

　では、加工法ごとのバリの発生状況を見ていきましょう。

切削加工のバリ

　工作物に力が加わると、まず弾性変形（元に戻る変形）が起こり、次に塑性変形（元に戻らない変形）し、最後に破断します。切削加工の工具の切れ刃近辺はこれらの変形が順次生じています。加工面は塑性変形が起こっており、加工面の最終端にはみだしたものがバリになります。

　加工バリを最小化するためには、鋭利な工具を使用すること、送り量と切込み量を小さくすること、加工の最終端にダミーの材料を当てることなどでバリを抑制します。

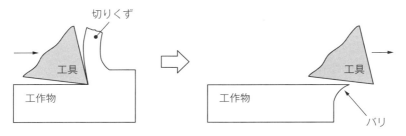

図8.7　切削加工のバリ

プレス加工のバリ

パンチが工作物に食い込むと工作物の入り口にはだれが発生し、出口にはバリが発生します（第6章の図6.3参照）。はさみのようなせん断加工でも同じ現象が起こります。

バリ発生の大きな要因は、パンチとダイのクリアランスです。クリアランスは小さすぎても大きすぎてもバリは大きくなるので、適正な設定が必要になります。

鋳造・射出成形・鍛造のバリ

分割した金型を合わせた際のすき間に流れた材料が薄いバリになります。型合わせのずれや金型の摩耗が原因です。このバリをパーティングラインといいます。通常このパーティングラインは製品の機能上問題のない位置にくるように設計します。また鍛造では押し当てた金型からはみ出した余分の材料がバリとして出ます。

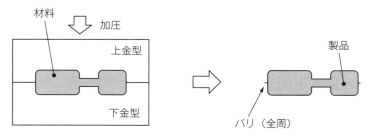

図8.8　鍛造のバリ

バリの問題点

加工で発生したバリは、さまざまな問題を引き起こします。これらの問題点は次のとおりです。

（1）バリによるケガ

バリは鋭利なため、触れると手を切る危険があります。

（2）寸法精度の悪化

正しい加工がされていても、バリがあるとその箇所の寸法は異常値になってしまいます。

（3）組立精度の悪化

部品の組立時にバリがあったり、バリがはがれて部品と部品の間にはさまると組立精度が悪化します。

（4）故障や摩耗

脱落したバリが摺動部に混入すると、こじれや故障、摩耗につながります。

バリの除去

キレイにバリだけを取り除くことは現実的ではありません。実際には下図のように、バリ寸法以上に削ることになります。バリの除去はほとんどが手作業なので、バリを除去した後の形状は、きっちりしたC面取りでもR半径でもなく、双方の混合したような形状になります。実務では、C面取り指示するのが通例になっています。面取り寸法はC0.1〜0.3mmくらいの触って痛くないレベルで十分です。

図8.9　バリの除去

バリ除去に使用する工具と加工法

（1）手作業の工具

手作業の専用工具として、スクレーパやバリ取りブラシなど多くの種類が市販されています（図8.10のa図とb図）。外形のバリだけでなく、穴の内部のバリ取りにも対応可能です。また仕上げ加工用のやすりや砥石、オイルストーンなどもバリ取りに使われています（同c図）。ドリル加工やねじ加工の穴あけの後のバリ取りは、大きめのドリルを穴のエッジ部にあてて手で回すことで除去できます。

（2）回転工具

作業効率を上げるための回転工具として、圧縮エアを使ったエアグラインダがあります（同d図）。ペンタイプで先端の砥石やミニブラシを高速回転させて加工します。また、鋳造や射出成形、鍛造の大きなバリは、卓上に設置されたグラインダを用いて除去します。

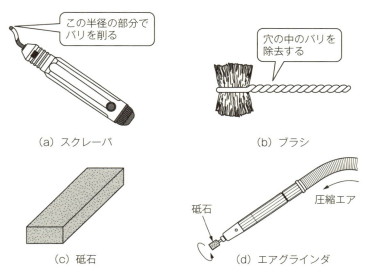

図8.10　バリ除去の工具

3）バレル研磨

　第5章で紹介したバレル研磨で、バリ取りを行います（図5.10のa図）。研磨槽に工作物と一緒に砥粒を投入して回転させることで、バリを除去します。一度に多量の数を処理できる効率のよい方法です。

バリを活かす事例

　一方、実務ではバリを活かすことも行っています。たとえば、バリの大きさの変化は工具の摩耗度合いを示すので、バリが一定の大きさになれば工具の交換時期と判断したり、プレス加工ではバリの発生箇所にバラツキがあれば、パンチとダイのはめ合いの位置ずれがわかります。また家庭の包丁研ぎでは、研ぎながら指の腹で切れ刃を触り、バリが出れば研ぎが完了した合図になります。このようにバリを判断基準の1つとして活かしています。

図面の意図を読む（糸面取り指示の意味）

　古い図面には「糸面取り」と指示されたものがあります。これはバリで手を切らない程度に面取りすることを指示したものです。したがって糸面取りは、現JIS規格のC面取り指示でおおよそ「C0.1～C0.3」と同じ意味になります。

図面の意図を読む（「バリなきこと」は不可）

　「バリなきこと」の注釈が記載されている図面がありますが、これは好ましくありません。「バリがない」といっても完全なゼロはありえません。

　バリを取ると現実には、C面取りがついてしまうので、C面取りの寸法を指示するか、C面取りが不可であれば、許されるバリ寸法を指示するかの二者択一になります。

COLUMN
不思議なリンギングという現象

　リンギングとは、平滑に仕上げられた面同志をすり合わせると、密着して容易に離れなくなる現象をいいます。これは次章で紹介するブロックゲージで体感することができます。表面をキレイに拭き取った2つのブロックゲージを十字状にピッタリ合わせてから90°回転させると、スーッと貼りつく感触があって、手で引っ張っても離れない密着力を持ちます。はじめて体験すると感動すら覚えます。

　このリンギングが起こる平滑な面は、平面度と鏡面レベルの表面粗さの両方が備わっていなければなりません。いくら平たくても表面が荒れていてはいけないし、表面がピカピカでもうねった面では密着しません。そのため密着させる面が大きくなるほど、リンギングは難しくなります。

　さらに不思議なことは、このリンギングが起こる原理は、接着と同じくいまだにはっきりわかっていません。鉄鋼材料やセラミックでも生じることや、油分を除去しても生じること、真空状態でも生じることからいろいろな説があります。機会があればブロックゲージを手にとって試してみてください。

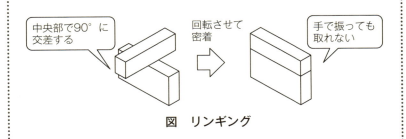

図　リンギング

第 9 章

品質を保証する測定器

第 9 章 品質を保証する測定器

測定の意味

製造品質を保証する

　図面に基づいて加工を行い、図面どおりに完成したかを測定によって判断します。図面には「狙い値」と、許されるずれの範囲を表す「公差」が指示されているので、最小許容寸法（下限値）と最大許容寸法（上限値）の間が合格範囲となります。

真の値と測定値

　測定値には必ず誤差が含まれるので、真の値は神のみが知るところです。誤差の原因は、測定器自体のバラツキや温度変化による影響、目盛りの読取りずれ、測定箇所の異物付着などさまざまです。この誤差を少なくするために、測定器の取扱い方の教育訓練を行ったり、測定環境を整えます。

　測定器自体の誤差については、誤差が限りなくゼロに近い測定器を基準に補正を行います。これを「校正」といいます。定期的に校正を実施することで、信頼性の高い測定を行います。

寸法精度は20℃で保証する

　材料は温度が上がると膨張する性質を持っています。膨張の度合いは材料によって異なり、プラスチックやアルミニウムは大きく膨張し、セラミックは膨張の少ない材料です。

　上昇温度に対して何mm伸びるかは、「伸び量 ＝ 線膨張係数 × 元の長さ × 上昇温度」の式から簡単に計算することができます。線膨張係数は、材料ごとの膨張の度合いを示した係数です。たとえばアルミニウムの線膨張係数は23.5×10^{-6}/℃なので、長さ200mmのアルミニウム材料が10℃上昇したときの伸び量は、「伸び量＝23.5×10^{-6}/℃

× 200mm × 10℃ = 0.047mm」になります。これを見ても、温度の影響がとても大きいことがわかります。とくに冬の現場では、暖房がいきわたるまでの間に室温が20℃くらいは簡単に変動するので注意が必要です。

そうすると、図面で指示された寸法精度は何℃で保証すればいいのでしょうか。これはJIS規格で20℃と定められています。高精度の加工や検査を20℃の恒温室で行うのはこうした理由からです。

参考までに他の材料の線膨張係数を紹介します。

・鉄鋼　　　　　（SS400）は、$11.8 \times 10^{-6}/℃$
・銅　　　　　　（黄銅）は、$18.3 \times 10^{-6}/℃$
・ポリエチレン　　　　は、$180 \times 10^{-6}/℃$

寸法測定器の種類

ここでは寸法に関する測定器について全体像を紹介します。

分類	測定器の種類		最小読取り値（一例）
長さ	直接測定	直尺・曲尺	0.5mm
		ノギス	0.01mm（デジタル） 0.05mm（アナログ）
		マイクロメータ	0.001mm（デジタル） 0.01mm（アナログ）
		ハイトゲージ	0.01mm（デジタル） 0.05mm（アナログ）
		三次元測定器	0.0001mmなど
	間接測定	ダイヤルゲージ	0.001～0.01mm
		すきまゲージ	0.03mm
		限界栓ゲージ	―
		ブロックゲージ	―
		感熱紙	―

図9.1　寸法測定器の種類

第9章 品質を保証する測定器
直接測定の測定器

直接測定と間接測定の違い

　直接測定は、測定器の目盛りから寸法を直接読み取る測定方法です。これに対して間接測定は、変位量を測ったり別の基準と比較して寸法を読み取る測定方法で、単独では寸法を把握することができません。加工現場ではどちらも活用しています。

　では、直接測定の測定器から紹介します。

直尺と曲尺

　直尺は「スケール」と呼ばれるモノサシで、測定できる長さは150mm～1mが一般的です。とくに150mmスケールは使い勝手がよいので製造現場での必需品になっており、作業者は1人ひとつ胸や肩のポケットにさしている姿をよく見かけます。目盛りは0.5mmピッチで表示されています。曲尺は90°のL形のモノサシです。寸法測定やケガキ作業に用います。

　　（a）直尺（150mmスケール）　　　　　（b）曲尺

　　　　　　　図9.2　直尺と曲尺

ノギス

ノギスは測定物をはさみ込む構造で、直尺よりも正確に測ることができます。1本のノギスで、外側測定、内側測定、深さ測定が可能です。測定範囲は0〜200mmが標準で、長尺タイプでは1mのものも市販されています。アナログ式ノギスの最小読取り値は0.05mm、デジタル式ノギスは0.01mmです。

アナログ式の目盛りは独特で、本尺と補尺を使って読み取ります。少し難しそうですが、一度使えば簡単に習得することができます。

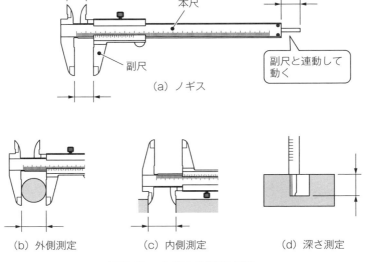

図9.3　ノギスの測定方法

マイクロメータ

　ノギスよりもさらに高い精度で測定できる測定器です。一般的なアナログ式の最小読取り値は0.01mm、デジタル式は0.001mmです。ただし1つのマイクロメータで測定できる範囲は狭く、25mmが標準です。そのため測定範囲が0～100mmの場合には、0～25mm用、25～50mm用、50～75mm用、75～100mm用の4つのマイクロメータを揃えておく必要があります。

　内側寸法や深さ寸法の測定には専用のマイクロメータを使用します。前者は内側マイクロメータ、後者はデプスマイクロメータやデプスゲージといいます。身近では自動車のタイヤのみぞ深さの測定には、デプスゲージを使っています。

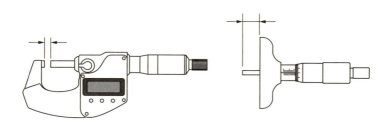

（a）外側マイクロメータ　　　　（b）デプスマイクロメータ

図9.4　マイクロメータ

ハイトゲージ

　ハイトすなわち高さを測る測定器です（図9.5）。測定物もハイトゲージも定盤の上に置いて使用します。ケガキ針という意味のスクライバを上から下へスライドさせて測定物と接したときの目盛りを読みます。アナログ式の最小読取り値は0.02mmか0.05mm、デジタル式は

0.01mmです。最大測定長もバリエーションがあり300mmのものがよく使われています。

このハイトゲージのおもしろい点は、測定のほかにケガキもできることです。スクライバの高さをケガキしたい寸法に合わせて固定し、定盤の上をすべらせながら工作物にスクライバ先端でケガキします。ハイトゲージ自体に重さがあるので、倒れることなく安定して線を引くことができます。スクライバの先端は鋭利な超硬合金です。

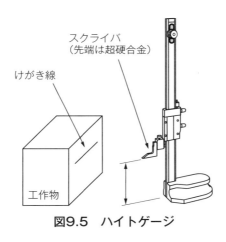

図9.5　ハイトゲージ

三次元測定機

測定物を自動で三次元（前後・左右・上下）すなわち立体的に測定できるのが三次元測定機です。これにより寸法だけでなく平面度や平行度、直角度といった幾何公差の検査も可能です。

プローブと呼ばれる測定子を測定物に接触させて測定する方式と、レーザ光を照射する非接触の測定方式があります。また測定範囲や測定精度は、メーカーや機種ごとにさまざまな仕様があります。

第9章 品質を保証する測定器
間接測定の測定器

ダイヤルゲージ

　ダイヤルゲージは寸法を測るものではなく、変位量を測る測定器です。たとえば工作機械の原点出しや設備の調整において、あと0.005mmずらしたいといった場合にとても便利です。対象物に測定子を押し当てて、目盛りの振れを確認しながら徐々にずらすことで、正確な作業が可能になります。デジタル式もありますが、コンパクトなアナログ式が主流です。1目盛りが0.001mm、0.002mm、0.005mm、0.01mmのバリエーションがそろっています。ただし、精密なものほど測定範囲は狭くなります。たとえば0.001mm仕様の測定範囲は1mm、0.01mm仕様では10mmが一般です。

　また測定子が回転方向に振れる「てこ式」のダイヤルゲージもよく使われます。これは通常、テストインジケータやピックテストといいます。これらのダイヤルゲージは、マグネットスタンドにて固定して使用します。

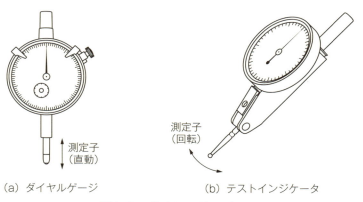

（a）ダイヤルゲージ　　　　　（b）テストインジケータ

図9.6　ダイヤルゲージ

すきまゲージ

微小なすきまを測定する器具で、厚みの異なる薄い板を組み合せて使用します（図9.7のa図）。シックネスゲージともいい、多くのバリエーションがありますが、9枚組の一例は0.03、0.04、0.05、0.06、0.07、0.08、0.10、0.15、0.20mmです。表面に厚み寸法が刻印されています。

測定したいすきまに挿入し、すきまがなくなるまで組み合わせを変えて厚くしていきます。0.03mmや0.04mmのゲージは薄くてすぐに折れ目がついてしまうので、組み合わせるときは、厚めのゲージの間にはさむように使います。

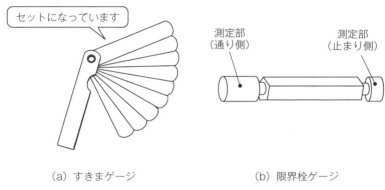

(a) すきまゲージ　　　　　　(b) 限界栓ゲージ

図9.7　すきまゲージと限界栓ゲージ

限界栓ゲージ

穴径公差がH7といった厳しいはめあい穴寸法の合否を判断する測定治具です（図9.7のb図）。検査作業を効率化するために、穴径寸法を測定するのではなく、このゲージが穴に通るか否かで判断します。

限界栓ゲージの片側は穴径の過小を検査する「通り側」、反対側は

穴径の過大を検査する「止まり側」になっています。すなわち検査する穴に限界栓ゲージを当てて「通り側」が入り、「止まり側」が入らなければ合格と判断します。この方法は測定ミスが少なく、誰でも容易に判定が可能です。

長さの基準はブロックゲージ

　ブロックゲージは、もっとも精度が高く、寸法測定の原器の位置づけです。大きさは断面が35mm（もしくは30mm）× 9mmで、長さ（呼び寸法）が各種揃っています。材質は耐摩耗性のある合金工具鋼（ダイス鋼）や超硬合金、セラミックスが使われています。

　長さ（呼び寸法）の寸法精度はJIS規格で4等級定められており、精度の高い順にK級が基準となり、0級や1級は各測定器の校正用、1級や2級は加工部品や工具取付けの検査、測定用に使用しています。長さ（呼び寸法）の両端面はラッピングで精密仕上げされており、平面度や平行度も超高精度に仕上がっています。

感圧紙

　「感圧紙」は測定器ではなく消耗品ですが、面と面との密着性を確認するのに便利です。測定したい面と面との間に感圧紙をはさんで圧力をかけると、力を受けた箇所だけが赤色に発色します。密着させた際の微小なすき間がある箇所を特定することができるので、感圧紙の全面が発色するように微調整を行います。プレスや圧延ロールの位置調整や確認に広く使用されています。

第 9 章 品質を保証する測定器

表面粗さと硬さの測定器

表面粗さ測定機

　ハンディタイプと据置きタイプがあり、触針が工作物の表面をなぞる接触式と、レーザ光を使った非接触式があります。
　触針の先端は円すい状ですが、先端半径Rが大きいと表面の粗さを検知できないため、先端半径は2〜5μmでダイヤモンドやサファイヤでできています。接触式は測定の信頼性が高い反面、触針により測定面にきずが入ったり、触針先端の摩耗による測定精度の悪化のリスクがあります。

硬さ試験機

　硬さの測定は、焼入れ・焼戻し後の硬度の確認によく使われています。硬さには「ブリネル硬さ」「ビッカース硬さ」「ロックウェル硬さ」「ショア硬さ」の4つの種類があります。焼入れ・焼戻しの硬さは「ロックウェル硬さ」を使うのが一般的です。
　硬さ試験機にも、ハンディタイプと据置きタイプがあります。ハンディタイプは1台で4種の測定が可能です。据置きタイプは測定精度が高く、硬さの種類ごとの専用機になります。

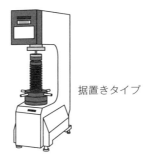

据置きタイプ

図9.8　ロックウェル硬さ試験機

これからのステップアップに向けて

　とくに設計者の皆さんは、ぜひ現場に足を運んでください。社内の現場を見たり協力工場を見学させてもらうことがとても勉強になります。材料が削られたり、高速でプレスされる様子を直接見る、加工の音に耳を傾ける、加工者がどのような作業をしているかを見る、そして加工者の話しを聴くことで、とても多くの情報を得ることができます。これらの情報は自身のノウハウとして記録に残すことをお勧めします。

　基礎知識は「広く浅く」学ぶことがコツです。本書はこの視点で、加工法のそれぞれの特徴と、加工法を考慮した図面の読み方について紹介してきました。加工の精度は、加工機の性能や加工者のスキルにより異なりますが、何もないとイメージがしにくいので、1つの目安として具体的な数値を紹介しました。これを叩き台にして、皆さんの社内や協力工場の実力値を把握して、本書に上書きすることで活かせる情報にしてください。

　また、加工条件の具体的な数値や加工機の操作手順、またメンテナンス方法についての知識を得たい場合には、「加工者向け」の書籍が参考になります。写真入りでわかりやすいものとして、日刊工業新聞社の「絵とき基礎のきそ」シリーズがお勧めです。旋盤加工やフライス加工、プレス加工など多くの加工法がそれぞれ1冊ごとに出版されています。またその他の情報源元として、工作機械メーカーや工具メーカーのホームページやカタログにも、加工条件の数値など役立つ情報が公開されています。

加工という仕事に興味を持った方には、小関智弘氏の書籍がお勧めです。氏は69歳まで旋盤工をしながら、エッセイや小説を書かれた方です。わたしは『町工場巡礼の旅』と『町工場の磁界』（以上、現代書館）を手に取りました。旋盤工の視点で見た町工場のルポルタージュは、あまりのおもしろさに時間を忘れるほどでした。昔のベルト掛けの旋盤から現代のNC工作機に至るまで、50年を越えて加工機の進歩を体感された話しには、感動を覚えると同時に、モノづくり現場の迫力が伝わってきます。学術書ではありませんが、現場を知る上でぜひ一読をお勧めします。

　また部署を問わず知っておきたい固有技術の基礎知識は「①読図知識」「②材料知識」「③加工知識」の３つです。加工を学んだ次には、図面と材料の基礎知識にもぜひ挑戦してください。

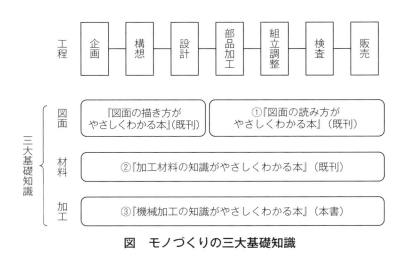

図　モノづくりの三大基礎知識

おわりに

　以前加工現場で、板金でつくった弁当箱を渡されました。「フタをしてみて」と言われたので、なにげなくフタをかぶせたときの驚きをいまでも忘れません。フタをほんの少しかぶせたところで手を離すと、フワッという感じでゆっくりと自重で落ちていくのです。普通ならガシャンと一気にかぶさるのに対して、フタと本体とのはめあいがとてもシビアで、中に閉じ込められた空気が小さなすき間からゆっくりとはき出されたのがその理由です。丸形状でもすごいことなのに、角形状のこの弁当箱の加工精度は本当に感動ものでした。

　板金を曲げるとスプリングバックで曲げが少し戻ってしまいます。加工経験がなければ1枚の板を90°に正確に曲げるのでさえ、四苦八苦するわけです。日本のモノづくり現場では、このような「スゴイ！」と感動する加工が「普通に」行われています。

　加工の知識は範囲が広いだけでなく、はてしなく奥も深いので、基礎知識といえども習得には苦労が多いと思います。本書が少しでもそのお役に立てれば、そして加工現場の素晴らしさを知るきっかけになればうれしく思っています。

　最後になりましたが、編集で大きなお力添えをいただきました日本能率協会マネジメントセンターの渡辺敏郎氏に心より厚くお礼申しあげます。

2016年9月
西村仁

索引

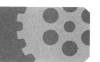

■ 記号・英字・数字

1液性接着剤 …………………………… 167
2液性接着剤 …………………………… 167
3Dプリンタ ……………………… 37、174
3軸制御・5軸制御 ………………………82
CAD・CAE・CAM ……………………82
CNC ………………………………………80
CO_2レーザ ……………………………… 171
C面取り加工 ………………………………94
MAG溶接 …………………………… 161
MIG溶接 ……………………………… 160
NC …………………………………………80
NC加工 ……………………………………28
NC旋盤 ……………………………………81
NCフライス盤 ……………………………81
TIG溶接 ……………………………… 160
YAGレーザ …………………………… 171

■ あ

アーク溶接 ……………………… 158、159
圧延 ………………………………… 34、152
アップカット ……………………………79
穴あけ加工 ………………… 28、46、68、92
穴ぐりバイト ……………………………54
アルマイト ………………………………185
射出成形 ………………………… 34、146
糸のこ ……………………………………186
エアハンマ ……………………………… 151

エキセンプレス ……………………… 136
エッチング ……………………… 37、174
円筒研削盤 …………………………… 118
エンドミル ……………………… 30、75
送り速度 ……… 47、57、69、78、97、122
押出し …………………………… 34、153
おねじ加工 …………………………………46

■ か

回転数 ………… 47、57、69、78、96、122
回転成形 ……………………………… 147
加工硬化 …………………………………83
加工時間 …………………………………22
ガスシールドアーク溶接 …………… 160
ガス溶接 ……………………………… 157
硬さ試験 ……………………………… 205
型鍛造 ………………………………… 150
片刃バイト …………………………………53
形彫り放電加工 ……………………… 172
金のこ・金ばさみ …………………… 186
曲尺 …………………………………… 198
感圧紙 ………………………………… 204
間接測定 ……………………………… 198
貫通穴 ……………………………………93
気孔 …………………………………… 120
きさげ加工 ……………………… 28、126
生地記号 …………………………………24
急冷 …………………………………… 178

209

きり穴	105
切込み量	47、57、69、78、96、122
切れ刃の自生作用	116
空冷	178
クリアランス	132
クロスハッチ	123
黒染め	184
クロメート	184
けがき作業	104
結合剤	120
限界栓ゲージ	203
減価償却費	23
研削加工	28、114
研削盤	116
研削焼け	122
研磨	124
合金工具鋼	32
公差	196
硬質アルマイト	185
硬質クロムめっき	184
高周波焼入れ	39、181
校正	196
構成刃先	83
高速度工具鋼	32
光明丹	126
コレットチャック	51
コンタマシン	186

■さ

サーボプレス	136
サーメット	32
材料費	23
座ぐり加工	93
座ぐりドリル	102
サンドブラスト	125
三次元測定機	201
三面擦り	127
シーム溶接	164
仕上げ代	143
シェルモールド鋳造法	141、144
紫外線硬化型接着剤	168
自動化	42、80
シャーリングマシン	188
シャコ万力	98
自由鍛造	150
瞬間接着剤	168
ショア硬さ	205
正面フライス	30、74
ショットピーニング	83、125
真空成形	148
浸炭	39、182
心なし研削盤	118
巣（ピンホール）	145
水溶性切削油剤	86
すき間ゲージ	203
すくい面	30、115

スクレーパ	31、126、192	ダイヤルゲージ	202
砂型鋳造法	141	ダウンカット	79
スプリングバック	134	多刃工具	33
スポット溶接	164	タップ	31、102
すり割りフライス	77	立型帯のこ盤	186
スローアウェイバイト	56	タレットパンチプレス	136
成形加工	26、34	炭酸ガスアーク溶接	161
製造原価	22	弾性変形	130、189
製造品質	22	鍛造	34、149
接合加工	26、36	炭素工具鋼	32
切削加工	26、28	単刃工具	33
切削油剤	86	縮み代	142
接着	36、166	鋳造	34、141
セラミック	32	超硬合金	32
センタ	48、52	超仕上げ	124
センタ穴	64、101	直尺	198
センタドリル	30、100	直接測定	198
せん断加工	130、132	突切りバイト	53
旋盤加工	28、44	抵抗溶接	158、163
線膨張係数	196	テーパ穴	93
塑性変形	130、189	テーパ加工	45
		電気溶接	157

■ た

ダイ	131	転造加工	153
ダイカスト鋳造法	141、145	トースカン	104
ダイス	31、152	砥石	31、114、120
ダイセット	131	塗装	40、183
ダイヤモンド	32	止まり穴	93
		ドライ加工	87

砥粒……………………………… 114、120
ドリル…………………………… 30、99

■な

内面研削盤……………………………… 119
中ぐり加工………………………………… 46
中ぐりバイト……………………………… 54
中子……………………………………… 142
逃げ加工……………… 63、65、66、90
逃げ面…………………………………… 30
抜き勾配………………………………… 142
ねじ穴…………………………………… 92
ねじ加工…………………………… 46、94
ねじ切りバイト…………………………… 54
熱間圧延………………………………… 152
熱間鍛造………………………………… 150
熱処理…………………… 26、39、178
狙い値…………………………………… 196
ノギス…………………………………… 199

■は

バーリング加工……… 130、135、140
バイス………………………… 72、97、117
バイト……………………………… 30、53
ハイトゲージ…………………………… 200
パイプベンダー………………………… 137
バフ研磨………………………………… 124
はめあい穴………………………… 92、203

はめあい公差…………………………… 109
端面加工…………………………… 45、53
バリ………………………………… 132、189
バレル研磨……………………… 124、193
板金加工…………………………… 34、130
はんだ付け……………………………… 166
パンチ…………………………………… 131
ハンドプレス…………………………… 136
引抜き……………………………… 34、154
ビッカース硬さ………………………… 205
びびり…………………………………… 85
被覆アーク溶接………………………… 159
表面粗さ…………………………… 59、205
表面処理………………… 26、40、183
ピンホール……………………………… 145
深座ぐり…………………………… 93、111
深絞り加工……………………… 130、134
複合加工機……………………………… 82
不水溶性切削油剤……………………… 86
フッ素樹脂含浸無電解
　ニッケルめっき……………………… 184
フッ素樹脂コーティング……………… 185
フライス加工……………………… 28、68
プラネタリ形…………………………… 119
ブリネル硬さ…………………………… 205
プレス加工……………………………… 130
プレスナット…………………………… 135
プレスブレーキ（ベンダー）…… 136

ブロー成形……………………… 147
プロジェクション溶接 …………… 164
ブロックゲージ…………… 194、204
平面研削盤……………………… 116
へら絞り………………………… 134
放電加工…………………… 37、172
ホーニング……………………… 123
ボール盤…………………………… 95
ポンチ…………………………… 100

■ ま

マイクロメータ………………… 200
マグネットチャック……………… 117
曲げ加工…………………… 130、133
マシニングセンタ ………… 71、81
万力………………… 72、97、117
溝加工………………………… 45、53
三つ爪チャック……………………… 50
無電解ニッケルめっき …………… 184
目こぼれ………………………… 121
メタルソー………………… 77、187
めっき……………………… 40、183
目つぶれ………………………… 121
目詰まり………………………… 121
めねじ加工………………… 46、102
模型……………………………… 142

■ や

焼入れ・焼戻し………… 39、178、179
焼なまし………………… 39、178、180
焼ならし………………… 39、178、181
弓のこ盤………………………… 187
溶接………………………… 36、156
四つ爪チャック…………………… 52

■ ら

ラッピング……………………… 124
リーマ……………………… 30、101
冷間圧延………………………… 152
冷間鍛造………………………… 150
レーザ加工………………… 37、169
ろう付け…………………… 36、166
ろう付けバイト…………………… 55
労務費……………………………… 23
ロストワックス鋳造法 …… 141、144
ロックウェル硬さ……………… 205
炉冷……………………………… 178

■ わ

ワイヤ放電加工………………… 173

213

著者紹介

西村　仁（にしむら　ひとし）
ジン・コンサルティング代表。
生産技術コンサルタント。

1962年生まれ。神戸市出身。
1985年 立命館大学 理工学部機械工学科卒。
2006年 立命館大学大学院 経営学研究科修士課程修了。

株式会社村田製作所の生産技術部門で、21年間電子部品組立装置や測定装置等の新規設備開発を担当し、村田製作所グループ全社への導入設備多数。工程設計、工程改善、社内技能講師にも従事。特許多数保有。
2007年に独立し、製造業およびサービス業での現場改善による生産性向上支援、及び技術セミナー講師として教育支援を行う。経済産業省プロジェクトメンバー、中小企業庁評価委員等歴任。
http://www.jin-consult.com

著書
『図面の読み方がやさしくわかる本』（日本図書館協会選定図書）
『図面の描き方がやさしくわかる本』
『加工材料の知識がやさしくわかる本』
（以上、日本能率協会マネジメントセンター）
『基本からよくわかる品質管理と品質改善のしくみ』
（日本実業出版社）

機械加工の知識がやさしくわかる本

2016年9月30日	初版第1刷発行
2017年6月15日	第2刷発行

著 者——西村 仁
　　　　　©2016 Hitoshi Nishimura
発行者——長谷川 隆
発行所——日本能率協会マネジメントセンター
〒103-6009　東京都中央区日本橋2-7-1　東京日本橋タワー
TEL　03(6362)4339(編集)／03(6362)4558(販売)
FAX　03(3272)8128(編集)／03(3272)8127(販売)
http://www.jmam.co.jp/

装　丁————岩泉卓屋
本文DTP————株式会社 明昌堂
印刷所————シナノ書籍印刷株式会社
製本所————株式会社三森製本所

本書の内容の一部または全部を無断で複写複製（コピー）することは、法律で認められた場合を除き、著作者および出版者の権利の侵害となりますので、あらかじめ小社あて許諾を求めてください。

ISBN 978-4-8207-5935-5　C3053
落丁・乱丁はおとりかえします。
PRINTED IN JAPAN

JMAM 関連書籍のご案内

図面の読み方が
やさしくわかる本

西村 仁 著
A5判 208頁

技術者以外の人が「図面を読む」方法を習得するための入門書。表記ルールの「知識」とともに「思想・考え方」までがしっかり身につく。

図面の描き方が
やさしくわかる本

西村 仁 著
A5判 264頁

設計製図の知識と技能を基礎から知りたい人のための「図面のルール・JIS製図規格」と「図面を描くコツ」がやさしくわかる本。

加工材料の知識が
やさしくわかる本

西村 仁 著
A5判 208頁

材料の基本をしっかり理解できる、材料知識の活かし方や材料の選定の仕方といった「実務面」に解説の力点を置いた入門書。

日本能率協会マネジメントセンター